AutoCAD 2019 de cero a héroe

AutoCAD 2019 de cero a héroe
Zico Pratama Putra
Ali Akbar

Kanzul Ilmi Press
2019

Copyright © 2019 por Zico Pratama Putra

Todos los derechos reservados. Este libro o cualquier parte del mismo no pueden ser reproducidos o utilizados en cualquier forma sin el permiso expreso y por escrito del editor excepto en el uso de breves citas en una reseña de un libro o revista académica.

Primera impresión: 2019

ISBN-13: 9781094892740

Kanzul ilmí Press
Woodside Ave.
Londres, Reino Unido

Librerías y mayoristas: Por favor, póngase en contacto con Kanzul ilmí Prensa de correo electrónico

zico.pratama@gmail.com.

Reconocimientos de marcas

Todos los términos mencionados en este libro que se sabe que son marcas comerciales o marcas de servicio se han capitalizado adecuadamente. AutoCAD, Inc., no puede dar fe de la exactitud de esta información. El uso de un término en este libro no debe considerarse que afecta a la validez de cualquier marca registrada o de servicio.

AutoCAD es una marca registrada de Autodesk, Inc.

A menos que se indique lo contrario en este documento, ninguna de las marcas comerciales de terceros que puedan aparecer en este trabajo son propiedad de sus respectivos propietarios y las referencias a la marca de terceros, logotipos u otra imagen comercial son sólo para fines demostrativos o descriptivos

Información de pedido: descuentos especiales están disponibles en compras al por mayor por las corporaciones, asociaciones, educadores y otros. Para más detalles, póngase en contacto con el editor en la dirección antes indicada.

Contenido

Chapter 1 Introducción a AutoCAD 1
   1.1 Novedades de AutoCAD 2019? 1
   1.2 Creación de una cuenta de Autodesk.................................6
   1.3 Instalar el software 12

Chapter 2 Moverse en AutoCAD 16
   2.1   ¿Por AutoCAD? 17
   2.2   coordenadas XY 18
   2.3   Ángulo en AutoCAD 20
   2.4   Inserción punto en AutoCAD 21
   2.5   Interfaces de usuario de AutoCAD..............................22
      2.5.1 Cambiar Unidades en AutoCAD 23
      2.5.2 Explicación del espacio de trabajo 23
      2.5.2   Cinta...25
      2.5.2   menús...28
   2.6   Dibujo abierto 36
   2.7   Cerrar Dibujo..38
   2.8   Exportar en formato PDF..39

Chapter 3 Dibujo en 2D...42
   3.1 Puesta en funcionamiento mordedora...........................42
   3.2   Crear dibujo 2D..43
      3.2.1   Trazar una línea..43
      3.2.2   Drawing Polyline 50
      3.2.3   Drawing a circle..59
      3.2.4   Drawing The arc 65
      3.2.5   Drawing Rectangle 74
      3.2.6   Drawing Polygon..80
      3.2.7   Drawing Ellipse...83
      3.2.8   Drawing Hatch 86
      3.2.9   Drawing Spline...90
      3.2.10   Drawing XLINE...93
      3.2.11   Drawing RAY..95
      3.2.12   Divide 96

3.2.13	Drawing Helix	98
3.2.14	Drawing Donut	101
3.3	**Modify 2D Drawing**	**102**
3.3.1	Move	102
3.3.2	Rotate	104
3.3.3	Trim	107
3.3.4	Extend	113
3.3.5	Erase	115
3.3.6	Copy	116
3.3.7	Mirror	118
3.3.8	Fillet	120
3.3.9	Chamfer	122
3.3.10	Explode	123
3.3.11	Stretch	125
3.3.12	Scale	128
3.3.13	Array Rect	130

Chapter 4 Case Studies **132**
    4.1   Create Simple House Plan **132**
    4.2   Create Simple Gear **146**
    4.3   Create Simple Piston **154**

Chapter 5 Dibujar Dibujo 3D **163**
    5.1   Configurar espacio de trabajo 3D **163**
    5.2   Dibujar objetos 3D **164**

5.3.2	Dibuje Box	164
5.3.3	Dibuje Cilindro	170
5.2.3	Dibuje Cono	173
5.2.4	Dibuje bola	176
5.2.5	Dibuje Pirámide	178
5.2.6	Dibuje dona 3D	179
5.2.7	Objeto de extrusión 2D	182
5.2.7	Chaflán y Filete de funciones	184

    5.2.8 Combinar, Restar y Intersección de objetos 3D 186

Chapter 6 Expediente de malla en AutoCAD **188**
    6.1 Importar .stl y otros archivos de malla **188**
    6.2 Exportación .stl **189**

Chapter 7 Crear Dibujo Técnico 190
   7.1 Modelo Inserto Vistas 191
   7.2 Colocar Dimensiones.. 193
   7.3 Detalle y la Sección Ver 194

Sobre el Autor.. 197

¿Puedo pedir un favor?.. 198

CHAPTER 1 INTRODUCCIÓN A AUTOCAD

Bienvenido al mundo del AutoCAD. Este tutorial AutoCAD le enseñará los conceptos básicos del uso de AutoCAD y crear sus primeros objetos. AutoCAD es una herramienta robusta para la creación de objetos 2D y 3D, al igual que los planes y las construcciones arquitectónicas o proyectos de ingeniería. También puede generar archivos para la impresión en 3D. Si desea iniciar este tutorial de AutoCAD para los principiantes, usted debe tener alrededor de una hora para hacerlo.

1.1 Novedades de AutoCAD 2019?

Autodesk acaba de anunciar el lanzamiento de AutoCAD 2019, y con su introducción se logran muchos cambios importantes que necesita saber acerca de como abonado a AutoCAD. Pues bien, el nuevo AutoCAD 2019 - conocido como uno de AutoCAD - ha sido anunciada, y la realidad es que el cambio más grande que el producto no es el producto en sí, sino la forma en que se licencia y precio.

Vamos a empezar con un aspecto esencial en AutoCAD 2019. Las tres partes principales de esta versión son la aplicación de escritorio es probable que esté familiarizado con, AutoCAD Web, y finalmente lo Autodesk está llamando a uno de AutoCAD. Aunque cada uno de estos elementos trae cambios positivos en AutoCAD, la introducción de AutoCAD Uno es probablemente el más impactante.

Uno de AutoCAD representa el cambio más significativo a la forma en paquetes de Autodesk AutoCAD en la memoria reciente. A partir de hoy, AutoCAD y sus múltiples sabores verticales ya no se ofrecen como suscripciones individuales. En su lugar, AutoCAD y productos basados en AutoCAD como AutoCAD Architecture y AutoCAD Map 3D se combinan en un AutoCAD. Este producto combinado incluye el acceso a AutoCAD además de toda la cartera de verticales de AutoCAD que ahora se llama conjuntos de herramientas.

Los conjuntos de herramientas incluidos en uno de AutoCAD son:
- Arquitectura (anteriormente conocido como AutoCAD Architecture)
- Mecánica (anteriormente conocido como AutoCAD Mechanical)
- Eléctrico (anteriormente conocido como AutoCAD Electrical)
- Mapa 3D (anteriormente conocido como AutoCAD Map 3D)
- MEP (anteriormente conocido como AutoCAD MEP)
- Raster Design (anteriormente conocido como AutoCAD Raster Design)
- Plant 3D (anteriormente conocido como AutoCAD Plant 3D).

A pesar de todas las nuevas suscripciones a AutoCAD incluyen el acceso a los conjuntos de herramientas especializadas descritas anteriormente, los clientes existentes con suscripciones elegibles pueden optar a una suscripción de un AutoCAD para el resto de su contrato. Además, mientras que los suscriptores de AutoCAD deben optar en el nuevo Uno de AutoCAD, que se incluirá como parte de una próxima actualización de la Arquitectura, Ingeniería y Colección industria de la construcción.

Nota de Civil 3D: A pesar de que AutoCAD Civil 3D es un producto basado en AutoCAD, se excluye del paquete Uno de AutoCAD, y se cambiará el nombre de Autodesk Civil 3D a partir de su próxima versión.

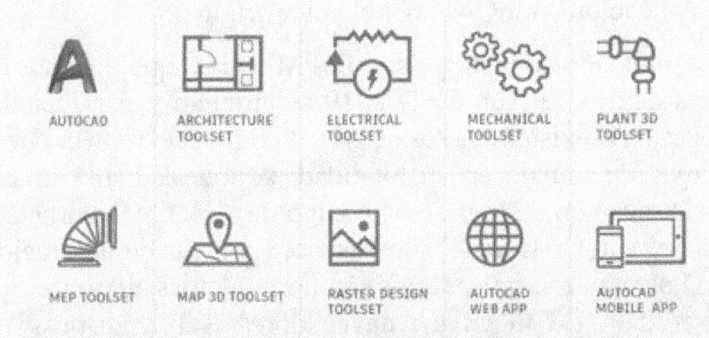

Una foto 1.1 AutoCAD incluye una variedad de extensiones verticales

La herramienta de Comparación de dibujos. Esto es como el AutoCAD Architecture Comparativa de programas, pero con algunas capacidades adicionales para desplazarse por las zonas que han cambiado en ambos dibujos y referencias externas. No es una nueva característica tanto como un puerto del DWG existente herramienta de comparación, con una característica nube de revisión útil para destacar los cambios para la confirmación visual adicional de zonas cambiadas.

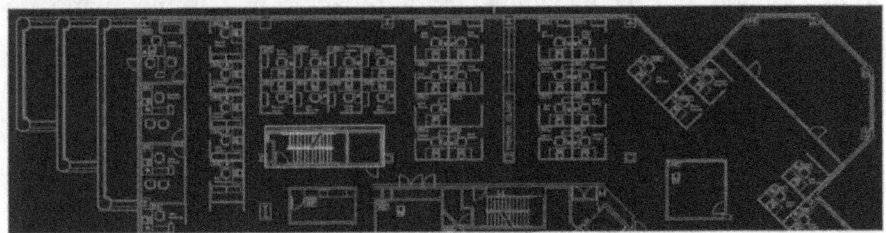

Pic 1.2 Los gráficos verde y rojo resaltan las diferencias entre la primera versión del dibujo (verde) y la segunda versión (rojo)

Mejoras para compartir vistas de diseño. Estos están destinados para aquellos usuarios de AutoCAD que deseen compartir puntos de vista de dibujos a través de una interfaz basada en la web sin tener que enviar archivos DWG o PDF. Disparado desde AutoCAD, Vistas compartidos se envían como un enlace a cualquiera, y pueden ser vistos y comentados a través de un navegador web sin necesidad de ningún software especial para instalar la aplicación. Cualquier comentario almacenados en la visión compartida, se puede realizar de nuevo en la aplicación AutoCAD por el autor original.

AutoCAD aplicaciones web y móviles. Mientras que las nuevas características dentro de AutoCAD 2019 se amplían y perfeccionan los flujos de trabajo existentes, AutoCAD Web parece abrir la puerta a nuevos flujos de trabajo en su totalidad. Autodesk habló mucho sobre la modernización de la base de código de AutoCAD durante el lanzamiento de AutoCAD 2018 año pasado. En lugar de una mejora de AutoCAD para su escritorio, estas son herramientas auxiliares que facilitan la edición DWG en los navegadores web y dispositivos móviles.

AutoCAD Web no es sólo una continuación de la antigua AutoCAD WS y AutoCAD 360 que puede haber incursionado en el pasado. En su lugar, AutoCAD Web es una experiencia de escritorio de clase entregado a través de un navegador web. Autodesk se logra mediante la alimentación de AutoCAD Web con el mismo motor que la versión de escritorio de AutoCAD 2019. Debido a los esfuerzos de modernización código discutido el año pasado, ahora tenemos una versión basada en la web de AutoCAD que coincide con la potencia y el rendimiento normalmente reservado para las aplicaciones de escritorio . Prueba de esta funcionalidad para mí, yo estaba realmente impresionado por la capacidad para redactar un simple plano de planta arquitectónica desde cero utilizando AutoCAD Web. Lo que me impresionó aún más fue la actuación de esa experiencia emparejar fácilmente el rendimiento global de AutoCAD 2019.

Aunque no veo a los usuarios a tiempo completo de las operaciones de AutoCAD en sus suscripciones para AutoCAD web por el momento, yo veo que sirve como un suplemento increíble para muchos flujos de trabajo que se llevan a cabo los usuarios lejos de su escritorio. Del mismo modo, veo AutoCAD Web como una posible alternativa para los usuarios pasivos de AutoCAD. Las personas que necesitan realizar ediciones básicas a los dibujos, pero que no pasan la mayor parte de su tiempo con AutoCAD. Desde AutoCAD Web no está ligado al ciclo de liberación típico de la versión de escritorio, estoy muy ansioso por ver lo que Autodesk se suma a la experiencia en la red a través del año que viene.

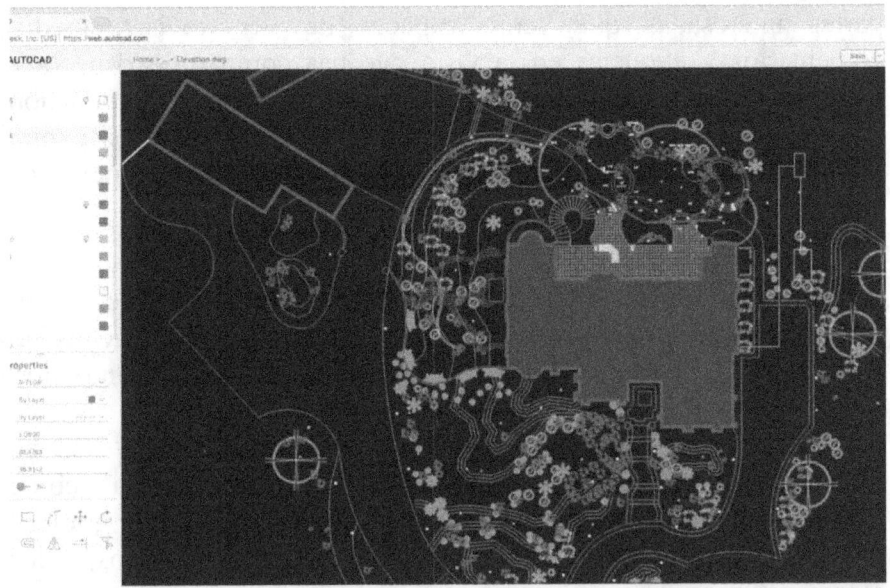

Pic 1.3 AutoCAD 2019 introduce herramientas para la edición de DWG en los navegadores web y dispositivos móviles. Esta captura de pantalla representa la manipulación de archivos de AutoCAD en el portal de web.autocad.com

actualizaciones de rendimiento de gráficos 2D. Funciones que normalmente requieren volver a dibujar el regen o como orden de dibujo, zoom, panorámica, propiedades de capa, o mostrar trama / revestimientos PDF se reportan a trabajar dos veces más rápido.

Vistas compartidos. Con sólo un clic, ahora se puede compartir con nadie las vistas de dibujo gracias a una nueva integración con el Visor de Autodesk. El Visor de Autodesk es una herramienta basada en la web que permite a cualquiera ver una gran variedad de formatos de archivo, incluyendo Autodesk DWG, sin necesidad de instalar nada. Vistas compartidos ofrecen una nueva alternativa a los flujos de trabajo de colaboración ordinarias que requieren equipos para convertir sus dibujos a PDF, enviar por correo electrónico los archivos PDF a las partes interesadas, y, finalmente, obtener retroalimentación de todos en un solo lugar por lo que puede llegar a ser procesable.

Con esta nueva funcionalidad, puntos de vista y los datos se extraen de su dibujo, el almacenamiento en la nube, y un enlace para compartir generan. A continuación, puede enviar el enlace a las partes interesadas que serán capaces de ver, revisar, medir, comentarios y etiquetas en la vista que has compartido con ellos. Concebido como una herramienta para agilizar la colaboración durante el proceso de diseño, puntos de vista compartidos expira automáticamente después de 30 días, pero usted tiene la opción de ampliar o terminar enlaces siempre que sea necesario.

Actualizado iconos 4K conformes. Una actualización del icono imágenes de elementos de la cinta y el menú ofrece detección automática de 4K usuarios del monitor.

Por lo que las nuevas características de AutoCAD 2019 son en realidad muy limitada, y más colaboración- y centrado en la web de CAD-céntrica. Mientras que el aumento de la velocidad de gráficos 2D será bien recibida por los usuarios con grandes dibujos, y los iconos 4K acogidos por los que tienen el hardware para los soporta, el resto de los cambios sólo será apreciado por aquellos que están colaborando a través de métodos web / móvil.

Línea de fondo: Si utiliza AutoCAD como una aplicación de escritorio y no utilizan ningún características de colaboración o en la web, usted no notará mucha diferencia en la nueva versión.

1.2 Creación de una cuenta de Autodesk

AutoCAD es un software de diseño asistido por ordenador desarrollado por Autodesk Inc., que es una suite de diseño de software muy completo y profesional con la capacidad de generar resultados sofisticados. Debe crear una cuenta en su sitio web para utilizar el software de Autodesk.

Este software es bastante caro, ya que está dirigido a los profesionales del diseño 3D. Si desea introducir CAD en general, también hay algunas alternativas libres, que figuran en esta lista.

Nombre	Nivel	OS	Precio	formatos

Nombre	Nivel	OS	Precio	formatos
Photoshop CC	Principiante	Windows y Mac	142 € / año	3ds, dae, KMZ, obj, psd, STL, u3d
TinkerCAD	Principiante	Navegador	Gratis	123dx, 3ds, C4d, mb, obj, SVG, STL
LibreCAD	Principiante	Windows, MacOS y Linux	Gratis	DXF, DWG
raya vertical 3D	Principiante	Windows, Mac, Linux, Frambuesa Pi o el navegador	Libre, 24 € / año premium	3dslash, OBJ, STL
SculptGL	Principiante	Navegador	Gratis	obj, capas, SGL, stl
SelfCAD	Principiante	Navegador	30 días de prueba gratuita, $ 9.99 / mes	stl, mtl, capas, dae, SVG
SketchUp	Intermedio	Windows y Mac	Clasificado, 657 € Pro	DWG, DXF, 3DS, dae, dem, def, IFC, KMZ, STL
FreeCAD	Intermedio	Windows, Mac y	Gratis	paso, iges, obj, stl, DXF, SVG, dae, CFI,

Nombre	Nivel	OS	Precio	formatos
		Linux		apagado, Nastran, Fcstd
OpenSCAD	Intermedio	Windows, Mac y Linux	Gratis	DXF, apagado, STL
MakeHuman	Intermedio	Windows, Mac, Linux	Gratis	dae, FBX, OBJ, STL
Meshmixer	Intermedio	Windows, Mac y Linux	Gratis	AMF, mezcla, obj, apagado, STL
nanoCAD	Intermedio	ventanas	Freemium, $ 180 / año	sat, paso, IGS, IGES, SLDPRT, STL, 3dm, dae, DFX, DWG, TPM, pdf, x_t, x_b, xxm_txt, ssm_bin
DesignSpark	Intermedio	ventanas	Freemium, $ 835 (Todos los Complementos)	rsdoc, DXF, ECAD, ca, BID, la REM, obj, skp, STL, IGES, STEP
Clara.io	Intermedio	Navegador	Las características premium, libres de 100 $ / año	3dm, 3ds, CD, dae, DGN, DWG, EMF, FBX, GF, GDF,

Nombre	Nivel	OS	Precio	formatos
				GTS, IGS, KMZ, lwo, RW, obj, apagado, capas, de la tarde, se sentó, SCN, SKP, SLC, SLDPRT, STP, stl, x3dv, xaml, vda, VRML, x_t, x, xgl, ZPR
Momento de inspiración (MOI)	Intermedio	Windows y Mac	266 €	3ds, 3dm, DXF, FBX, IGS, lwo, obj, SKP, STL, STP y se sentó
AutoCAD	Profesional	Windows y Mac	1400 € / año	DWG, DXF, PDF
Licuadora	Profesional	Windows, Mac y Linux	Gratis	3DS, dae, fbx, DXF, obj, x, lwo, SVG, capas, stl, VRML, VRML97, X3D
cine 4D	Profesional	Windows, MacOS	$ 3,695	3DS, dae, dem, DXF, DWG, x, fbx, iges, FLM, costilla, skp, stl, wrl, obj
3ds Max	Profesional	ventanas	3.241,70 € / año, licencias	stl, 3DS, ai, abc, ase, asm,

Nombre	Nivel	OS	Precio	formatos
			educacionales disponibles	CATProduct, CATPart, dem, DWG, DXF, DWF, flt, iges, ipt, JT, nx, obj, prj, prt, RVT, SAT, skp, SLDPRT, sldasm, STP, VRML, XML w3d
ZBrush	Profesional	Windows y Mac	400 € Licencia para la Educación, 720 € Licencia de usuario único	DXF, Goz, ma, OBJ, STL, VRML, X3D
Modo	profesionales	Windows, MacOS, Linux	$ 1799	lwo, abc, obj, PDB, 3dm, dae, FBX, DXF, X3D, geo, STL
Onshape	Profesional	Windows, Mac, Linux, iOS, Android	2.400 € / año, libre y precio reducido versión de negocios	sat, paso, IGS, IGES, SLDPRT, STL, 3dm, dae, DFX, DWG, TPM, pdf, x_t, x_b, xxm_txt, ssm_bin
Pregunta difícil	profesionales	Windows, Mac	Estándar $ 129.99, $	CR2, obj, pz2

Nombre	Nivel	OS	Precio	formatos
			349.99 Pro	
Rhino3D	Profesional	Windows y Mac	495 € para la Educación, 1695 € Locales	3dm, 3ds, CD, dae, DGN, DWG, EMF, FBX, GF, GDF, GTS, IGS, KMZ, lwo, RW, obj, apagado, capas, de la tarde, se sentó, SCN, SKP, SLC, SLDPRT, STP, stl, x3dv, xaml, vda, VRML, x_t, x, xgl, ZPR
Mudbox	Profesional	Windows y Mac	85 € / año	FBX, barro, obj
Trabajo solido	Industrial	ventanas	9.950 €, licencias educacionales disponibles	3DXML, 3dm, 3ds, 3mf, AMF, DWG, DXF, ca, IFC, obj, pdf, SLDPRT, STP, STL, VRML
Inventor	Industrial	Windows y Mac	2.060 € / año	3dm, IGS, ipt, nx, obj, prt, RVT, SLDPRT, STL, STP, x_b, xgl
fusión 360	Industrial	Windows	499,80 € / año,	CATPart, DWG,

Nombre	Nivel	OS	Precio	formatos
		y Mac	licencias educacionales disponibles	DXF, f3d, IGS, obj, pdf, sentado, SLDPRT, STP
CATIA	Industrial	ventanas	7.180 €; licencias educacionales disponibles	3DXML, CATPart, IGS, pdf, STP, STL, VRML

Pero hay buenas noticias: se puede obtener AutoCAD y todos los productos de Autodesk durante tres años si usted es un estudiante. Para activar su licencia de estudiante, introduzca su dirección de correo electrónico educativa para el registro. Si no tienen la suerte de recibir un descuento de estudiante, todavía se puede activar una versión de prueba de 3 meses para todos los productos de Autodesk.

1.3 Instalar el software

Una vez que haya completado el proceso de registro, usted debe descargar el instalador de AutoCAD. Ejecutar el archivo descargado. Todo esto va a descargar y abrir el asistente de instalación. Si es necesario, puede cambiar el directorio de instalación, elegir los componentes a instalar o instalar o instalar AutoCAD inmediatamente. A continuación se inicia la descarga de AutoCAD.

Proceso de instalación...

1. Haga doble clic en el archivo de instalación y haga clic en 'Sí' para completar la instalación.

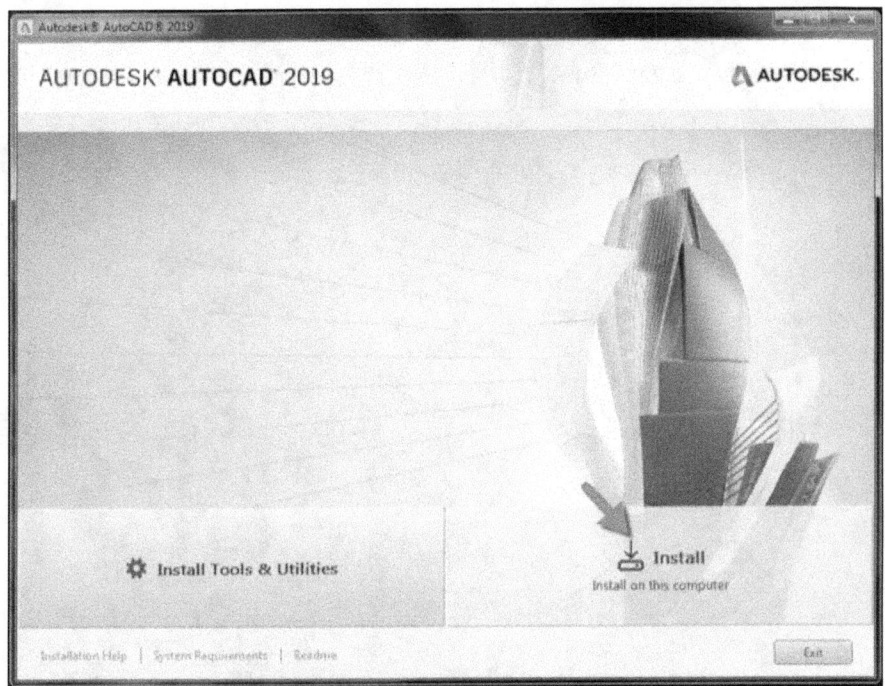

2. Haga lo siguiente y haga clic en Instalar:

- Seleccione los productos o componentes que desea instalar.
- Especificar el lugar donde se encuentran los archivos instalados.

Este proceso puede llevar varios minutos. Haga clic en 'Instalar'

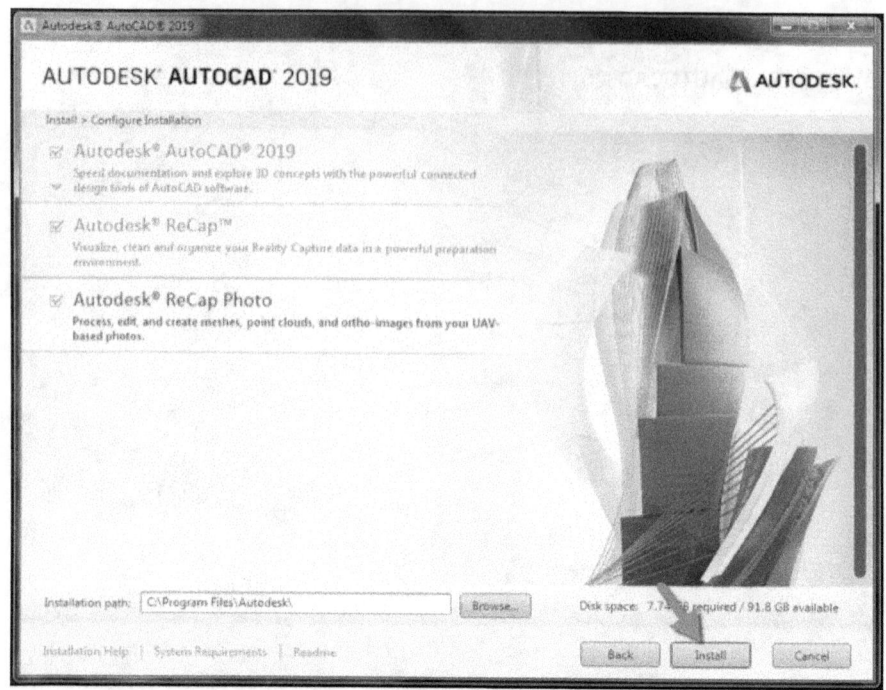

3. Cuando la instalación se realiza verá una lista de los componentes de software instalados. Haga clic en Finalizar para cerrar el instalador.

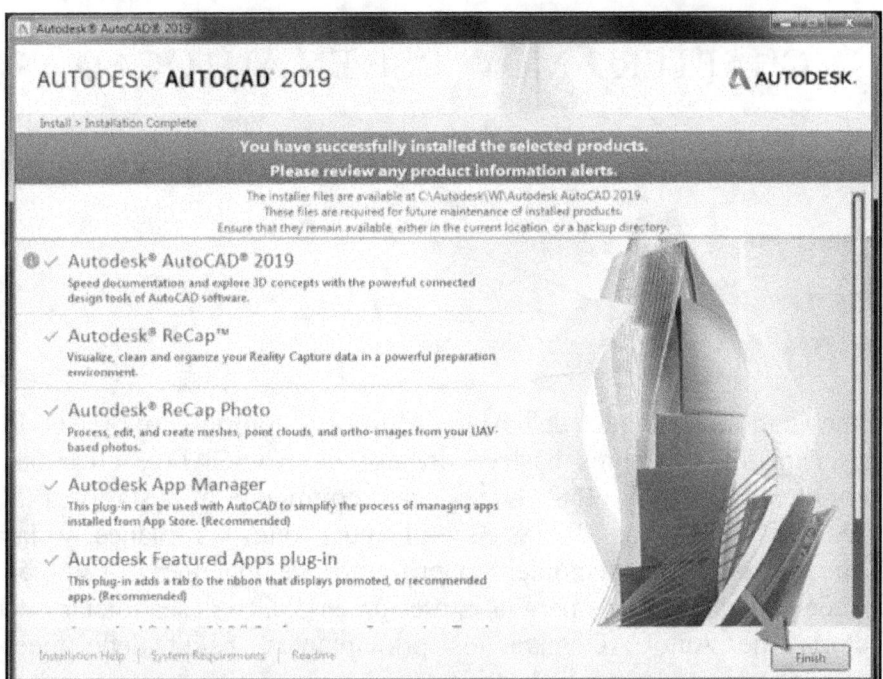

CHAPTER 2 MOVERSE EN AUTOCAD

Bienvenido al mundo del AutoCAD. Este tutorial AutoCAD le enseñará los conceptos básicos del uso de AutoCAD y crear sus primeros objetos. AutoCAD es una herramienta robusta para la creación de objetos 2D y 3D, al igual que los planes y las construcciones arquitectónicas o proyectos de ingeniería. También puede generar archivos para la impresión en 3D. Si desea iniciar este tutorial de AutoCAD para los principiantes, usted debe tener alrededor de una hora para hacerlo.

En este primer capítulo, voy a introducir a que los comandos y las interfaces de usuario de AutoCAD. Pero en primer lugar, usted tiene que saber por qué el software CAD es ahora sustituye el dibujo de lápiz tradicional y ahora usted no tiene que utilizar tan grande, mesa de dibujo para dibujar un dibujo avanzado.

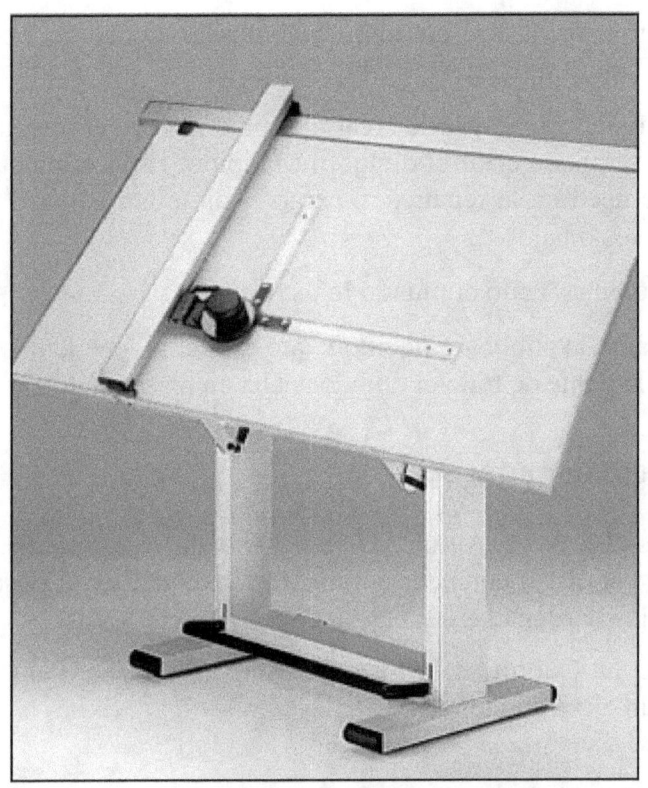

Pic 2.1 La mayor parte de la ingeniería actual redactor no tienen esta "antigua" mesa de dibujo

2.1 ¿Por AutoCAD?

Estas son las características del software de CAD que hacen de dibujo con el software es mejor:

- Precisión: Se puede dibujar una línea, el arco, y otras formas con precision increíble. Precisión en AutoCAD es 14 punto decimal.

- modificable: Un dibujo avanzado creado hace mucho tiempo puede ser modificado de nuevo para dibujar un nuevo dibujo. Mientras viejo dibujo a lápiz / pluma no puede ser actualizado y hay que crear el nuevo dibujo.

- Limpiar: Usted no tiene que poseer goma de borrar para dibujar un dibujo.

- Eficiencia: Se puede crear el dibujo más en el mismo tiempo, y se puede crear el dibujo más rápido. Especialmente cuando se necesita la repetición, como el dibujoun edificio de varios pisos o baldosas.

- Popular: Todo el mundo lo usa.

- Fácil de publicar: Debido a que es digital, puede dar el dibujo a la gente de todo el mundo acaba en un segundo.

2.2 coordenadas XY

Todos los objetos de AutoCAD se posicionan exactamente. Por esta razón, es necesario entender cómo AutoCAD define la posición con una simple coordenadas X, Y.

AutoCAD ha Coordinar el Sistema Mundial (WCS). Para el dibujo 3D, hay un eje Z adicional.

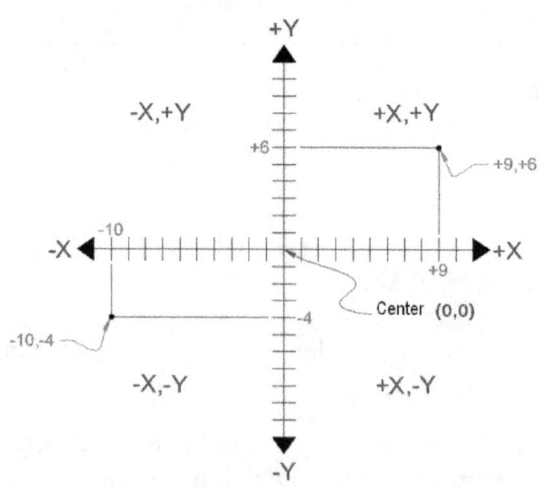

Pic 2.3a simple XY WCS coordenadas utilizado en AutoCAD

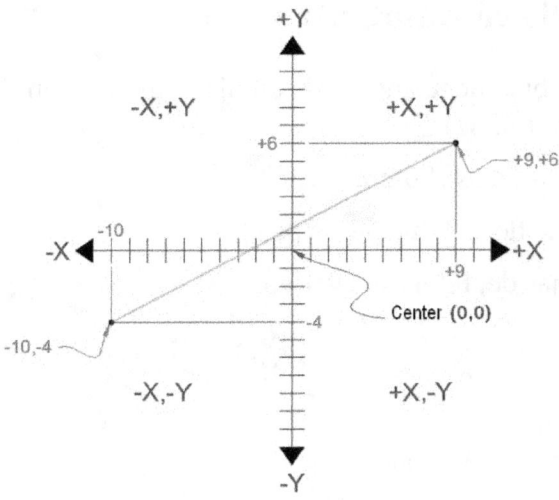

Pic 2.3b Una línea desde -10,4 a e 9, 6

El AutoCAD tiene x, y punto que indica donde se encuentra el objeto de punto. También tiene un punto de origen o centro (0.0) en la que todas las posiciones de objetos usan este punto como su primera referencia.

Ver la imagen de arriba para ver la AutoCAD coordenadas x, y cómo trazar una línea entre dos coordenadas. Por ejemplo, la coordenada xy 9.6 representa x = 9 y y = 6.

De coordenadas (-10, -4) significa x = 10 unidades negativo (lado izquierdo) y y = 4 unidades negativo (parte inferior).

En algunos casos no se sabe la posición exacta de partida. Que acaba de saber que usted quiere llamar al siguiente punto en relación a esa posición. Puede utilizar la coordenada relativa añadiendo el @ icono para decirle a AutoCAD que el siguiente punto es relativo al último punto (SHIFT + 2) ..

He aquí algunos puntos importantes acerca de coordenadas x, y.

- El punto absoluta es la posición exacta de un punto, con respecto a 0,0.
- El punto es relativa al último punto.

2.3 Ángulo en AutoCAD

AutoCAD también tiene ángulo de dibujar. Aquí es cómo especificar el ángulo en AutoCAD:

- ✓ El positivo X es el 0 grados.
- ✓ reloj contador inteligente es positivo
- ✓ Las agujas del reloj es negativo.

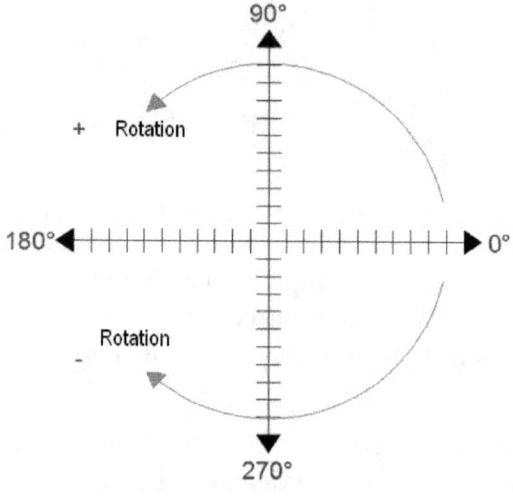

Pic 2.3 *Medición de ángulos en AutoCAD*

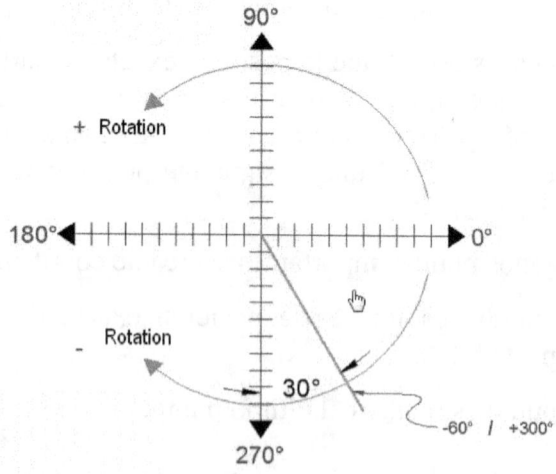

Pic 2.4 Ejemplo de línea creado usando ángulo

Por ejemplo 90 grados = Y positivo.

Se puede medir el ángulo basado en otro ángulo.

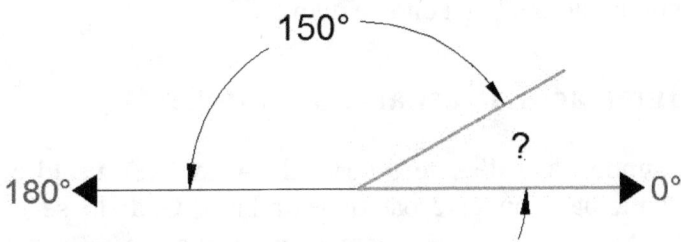

Pico 2.5 Cálculo de un ángulo desde otro ángulo

A partir de los ejemplos anteriores, algunas notas importantes:

- 0 grados en horas = 3 posición.
- 180 grados en horas = 9 posición

2.4 Inserción punto en AutoCAD

Aquí hay tres métodos para insertar puntos en AutoCAD:

- De coordenadas absolutas: Sólo tiene que insertar el punto xy en relación con el punto central (0,0). Insertar valor x primero, y el valor a continuación, y.

- Coordenada relativa: Insertar añadiendo el prefijo @ lo que entrar @ X, Y. Esto pondrá el punto x, puntos Y respecto a la última posición.

- Coordenadas polares: Introducir mediante el uso de la plantilla @D <A. Qué D es la longitud y A es el ángulo: Por ejemplo @ 10 <90 serátrazar una línea con longitud = 10 unidades y la dirección de 90 grados.

notas:

- Los tres métodos son los únicos métodos para insertar punto en AutoCAD, no hay otros métodos para dibujar AutoCAD. valor X tiene que ser insertado primero, entonces el valor Y.

- No se olvide de la símbolo '@' cuando se inserta un valor relativo. Todos los errores en la entrada de la inserción va a generar resultados no deseados.
- Si usted quiere hacer la comprobación, haga clic en F2 y, a continuación, haga clic de nuevo F2

2.5 Interfaces de usuario de AutoCAD

En el segundo paso de este tutorial de AutoCAD, usted aprenderá cómo interactuar con el espacio de trabajo. Cuando se ejecuta el programa AutoCAD, por primera vez, se puede ver la ventana de AutoCAD como la imagen de abajo:

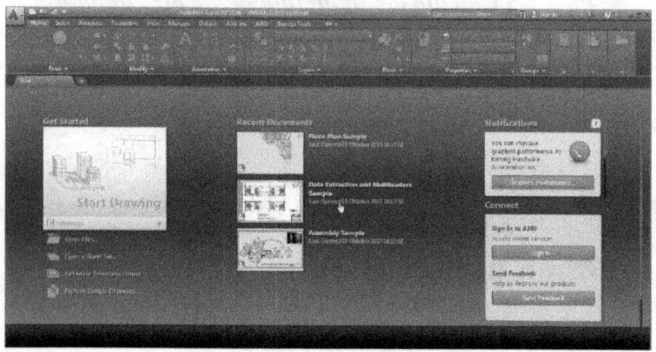

Pic 2,6 ventana de inicio

Para dibujar un nuevo archivo, haga clic en Inicio de dibujo, se mostrará la interfaz de usuario de una AutoCAD para el dibujo.

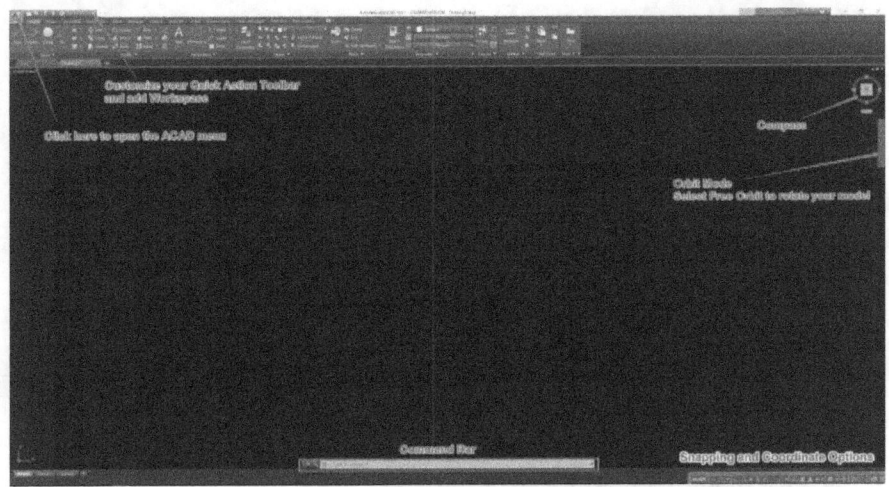

Pico interfaz 2.7 Dibujo

Al abrir el software AutoCAD para este tutorial, haga clic en "Inicio Dibujo" para abrir un nuevo archivo o proyecto. Al hacer esto, se abrió la "Drawspace."

En un primer momento, es necesario personalizar la barra de herramientas de acción rápida y añadir "espacio de trabajo" haciendo clic en él. Cambiar ahora la nueva barra de herramientas "dibujo y anotación" a "Modelado en 3D". Esto permitirá el uso de todas las herramientas de dibujo y 3D que usted necesita para diseñar su primer boceto y objetos 3D.

2.5.1 Cambiar Unidades en AutoCAD

Si desea cambiar las unidades al sistema métrico que está acostumbrado, haga clic en el gran Un rojo en la esquina superior izquierda. Esto abrirá el menú de AutoCAD. Seleccionar "al dibujo"> "Unidades". Cambiar la escala de inserción a Milímetros.

2.5.2 Explicación del espacio de trabajo

- La barra de comandos

La barra de comandos se encuentra en la parte inferior de la Drawspace (véase la figura anterior). Se pueden introducir los comandos ya sea simplemente escribiéndolos en la barra de comandos. Se le muestra contextualmente las opciones que ha recibido por la orden dada. letras destacadas son las abreviaturas de estas opciones.

Mediante la introducción de la letra correspondiente y pulsar "Enter", la opción deseada se activa directamente. También enumera el orden de los pasos que debe realizar para ejecutar el comando correctamente y consejos de visualización.

- Orientación en AutoCAD

En la esquina superior derecha de la Drawspace verá una brújula. Se establece en "vista desde arriba" por defecto. Mover el puntero del ratón sobre él y verá un pequeño símbolo de la casa. Haga clic en él para llegar a la vista isométrica. Ahora verá un sistema de coordenadas cartesianas en 3D con tres ejes en el centro de su Drawspace. El eje x es el rojo, el eje y verde y el azul del eje z.

La brújula también se ha extendido por un cubo. Puede hacer clic en las caras, aristas y esquinas del cubo para abrir la vista deseada. Para mover el Drawspace, haga clic en el icono de la mano o mover con la rueda del ratón pulsado. Si desea orbitar su Drawspace, haga clic en la órbita de la barra de la derecha. Haga clic y mantenga pulsado el Drawspace para girar alrededor del centro del sistema de coordenadas al mover el ratón. También puede hacerlo manteniendo pulsada la tecla Mayúsculas y la rueda del ratón. Si desea orbitar un punto específico, seleccione "Órbita libre" haciendo clic en la flecha de expansión.

Para mover el Drawspace, haga clic en el icono de "mano" o moverse con la rueda del ratón pulsado. Con el zoom se alarga opción, puede adaptarse a todos los objetos creados y bocetos en su campo de visión.

Por el momento no hay nada que giran en torno a, por lo que espera para el siguiente paso de este tutorial de AutoCAD para empezar a dibujar!

2.5.2 Cinta

Cuando en la página de dibujo, se activarán los botones en la cinta. La interfaz de cinta es similar a la interfaz de MS Office por lo que será familiar y hace que el proceso de dibujo más fácil.

En la ficha Inicio, verá botones para dibujar, y modificar el dibujo.

Pico 2,8 Draw y Modificar

Todavía en la ficha Inicio, hay anotación y capas, la caja de anotación utilizado para dar anotación a su dibujo, por ejemplo: texto, dimensión, etc. El cuadro de capas es insertar capas a su dibujo. El usuario puede añadir una capa a superponer el dibujo.

Pic 2.9 de anotación y las capas de cajas

Hay Bloque, Propiedades y cajas de Grupos. Bloque contiene botones para bloquear más de un objeto para convertirse en un objeto único. El cuadro de propiedades utilizarse para gestionar las propiedades de un objeto. Grupos a los objetos agrupar o desagrupar.

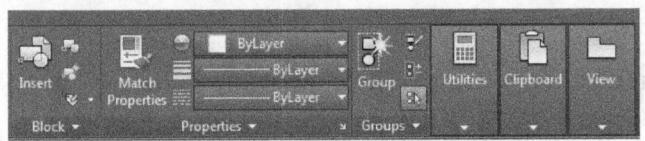

Pic 2.20 Bloque, propiedades y grupos

Insertar cuadro se utiliza para insertar muchos tipos de objetos, de Block, Definición, referencia, Nube de puntos y de importación.

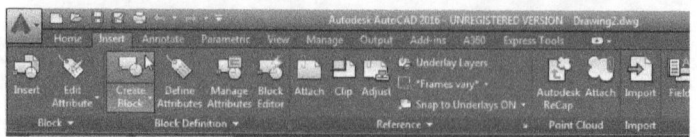

Pic 2,21 ficha Insertar

Anotar pestaña utiliza para insertar más detalle anotate, a partir de textos, dimensiones, líderes, etc.

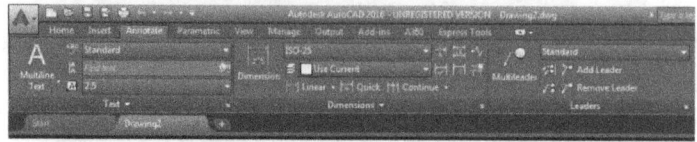

Pic Anotar 2,22 Tab

La pestaña paramétrico tiene botones que utilizan para la gestión de dibujo geométrico y dimensional.

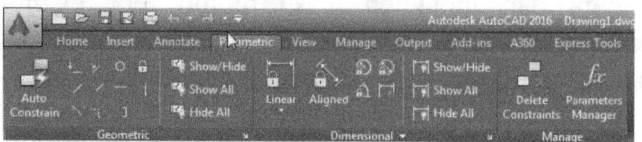

Pic 2,23 pestaña paramétrico

Ver ficha se utiliza para modificar la interfaz de usuario de AutoCAD. Puede administrar la ventana gráfica, paletas, y la interfaz.

Pic 2,24 Ver ficha de la cinta

Gestionarpestaña, que se utiliza para crear macro se utiliza para grabar su acción. Puede hacer la codificación de macro.

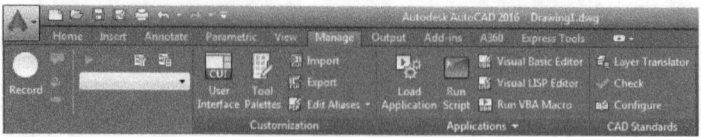

Pic 2.25 pestaña Administrar

Salida pestaña utiliza para exportar e imprimir el dibujo de papel o de otras formas.

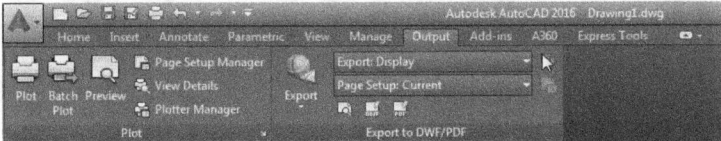

Pic salida 2.26 Tab

En la pestaña Módulos complementarios, puede gestionar aplicaciones complementarias.

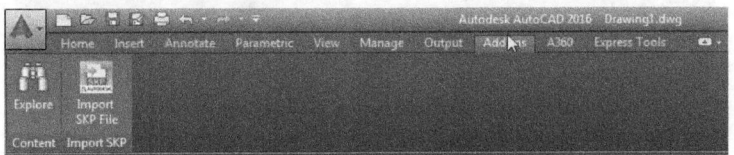

Pic 2,27 Add On aplicación

pestaña A360 consta de botones que permiten utilizar las funciones en línea de AutoCAD.

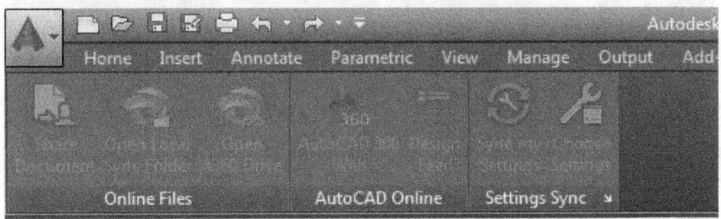

Pic 2,28 Nube función de ahorro

pestaña Herramientas Express se puede utilizar para gestionar bloques, textos, objetos y modificar el diseño.

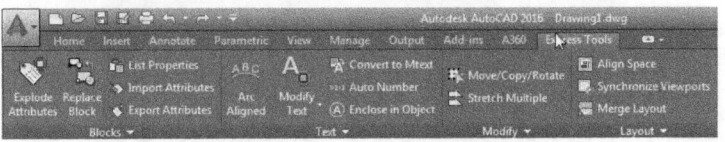

Herramientas pic 2,29 Tab exprés

Cinta en AutoCAD puede ser minimizado, haga clic 2x en la ficha de la cinta.

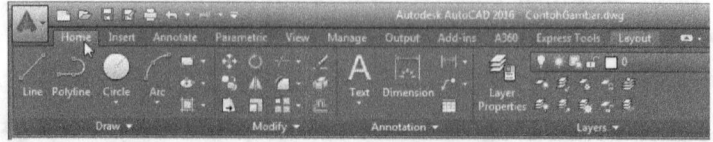

Pic 2.30 Doble click en la ficha de la cinta

La cinta será minimizado.

Pic 2.31 Botones en cinta minimizan

Si hace clic dos veces de nuevo, los botones están ocultos, y la cinta sólo muestra los textos.

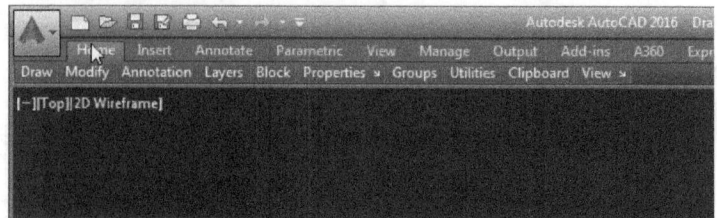

botones 2,32 pic de cinta ocultos

2.5.2 menús

Menús principales se puede abrir haciendo clic en un botón en la parte superior izquierda de la ventana de AutoCAD:

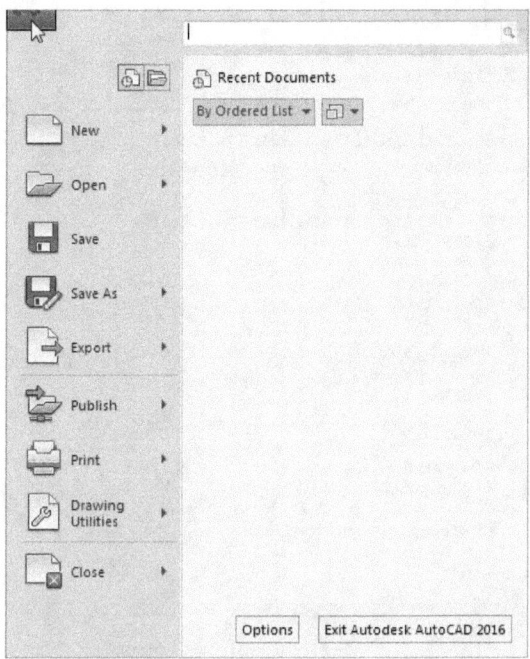

Pic 2.33 Menú principal de AutoCAD

En el cuadro de menú de arriba, se puede ver Sethe arco de comandos de texto que hace que los comandos hallazgo más fácil. Solo tienes que introducir el nombre del comando, y AutoCAD autocompletará por usted.

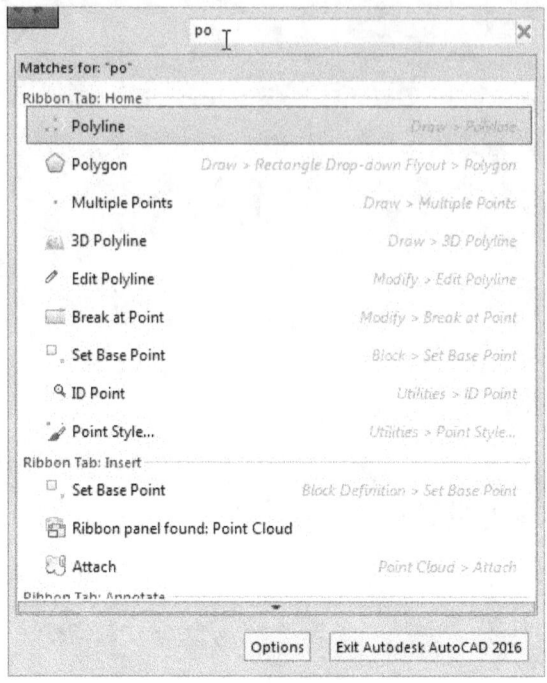

Pic 2.34 Inserción nombre del comando en AutoCAD

Este menú se puede acceder desde todas las partes del espacio de trabajo. Los menús en el menú principal son:

1. Nuevo en dibujar un nuevo dibujo, de la plantilla, o crear conjuntos de planos que gestiona los diseños de dibujo, rutas y datos de proyecto.

Pic 2.35 menú Nuevo

2. Abrir: Para abrir el dibujo existente.

Pic 2.36 Menú Abrir

3. Guardar: Guardar cambios en los planos existentes, si el dibujo no se ha guardado antes, se guardará en un archivo nuevo.

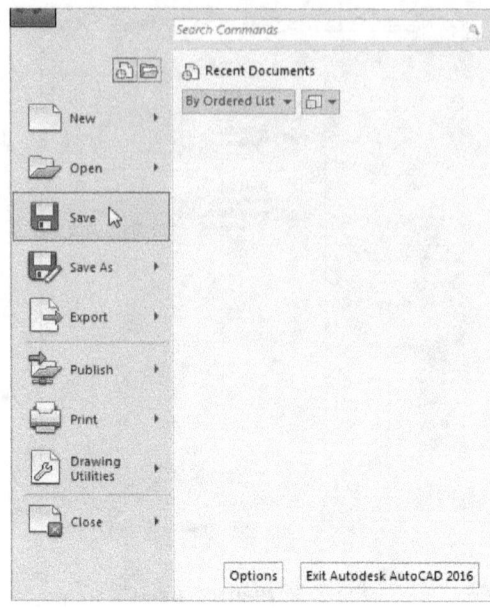

Pic 2,37 menú Guardar

4. Guardar como: Guardar dibujo existente a un nuevo archivo.

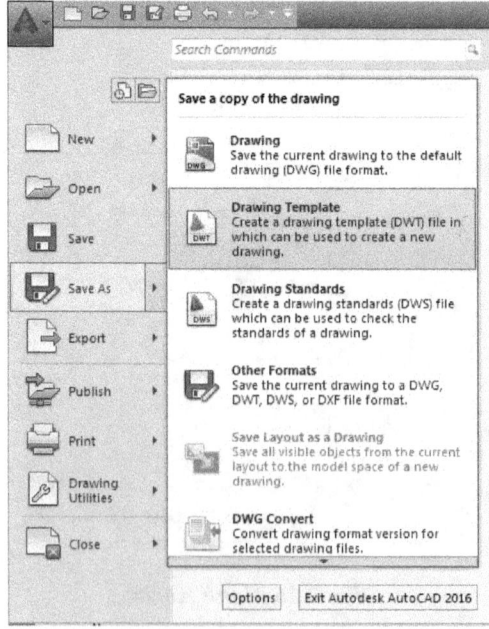

Pic 2.38 Menú Guardar como

5. Exportación: Guardar dibujo a otro formato de archivos, como Design Web Format (DWF), PDF y otros archivos CAD.

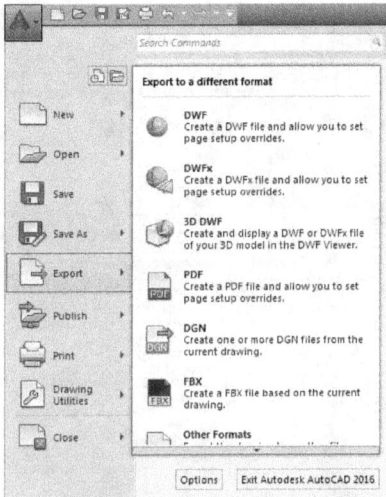

Pic 2.39 Menú de exportación

6. Publicar: Enviar modelo 3D para pr 3DInting servicio, o crear el conjunto de planos archivados (AutoCAD LT no es compatible con 3D.), etc.

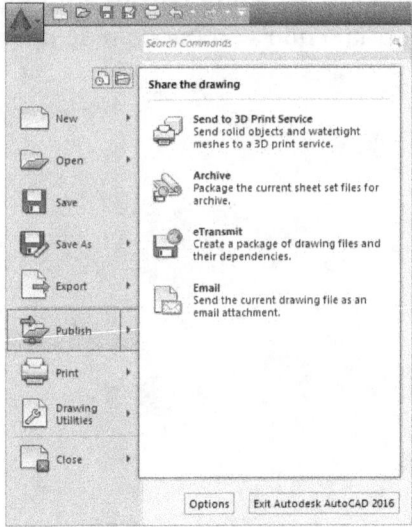

Pic 2.30 menú Publicar

7. Impresión: Impresión de dibujo único, o por lotes de parcelas. También puede configurar la trama de página y estilo.

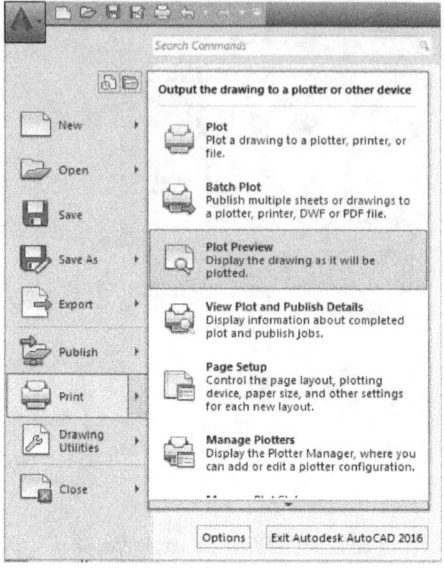

Pic menú 2,31 Imprimir

8. Dibujo Utilidades: Configuración de las propiedades del archivo, o la unidad de dibujo, haciendo barrido en bloques no utilizados, haciendo la auditoría o que se recuperan de dibujo dañado.

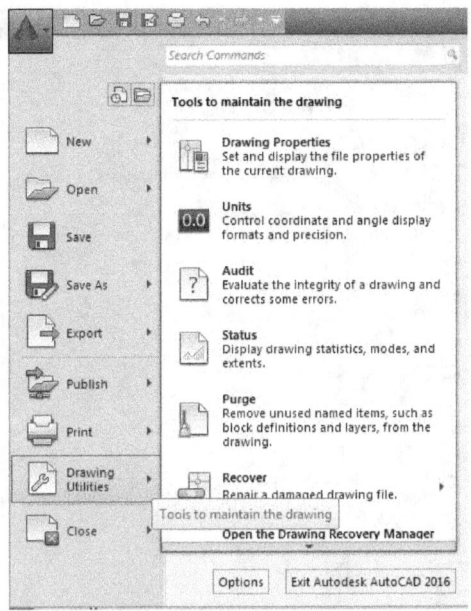

Pic 2,32 Ayudas al dibujo

9. Cierre: Cierre de dibujo existente, si el dibujo ya modificado y no se ha guardado, esto generará cuadro de confirmación para guardar.

Pic 2,33 Cerrar menú

2.6 Dibujo abierto

Puede abrir el archivo de dibujo para mostrar en su AutoCAD mediante los pasos siguientes:

2. Haga clic en icono de AutoCAD para mostrar AutoCAD:

2. Haga clic en Abrir> menú Dibujo.

Pic 2,34 Haga clic en Abrir> Dibujo

3. **Seleccione Archivo**ventana aparece, seleccione el archivo que desea abrir, haga clic en Abrir.

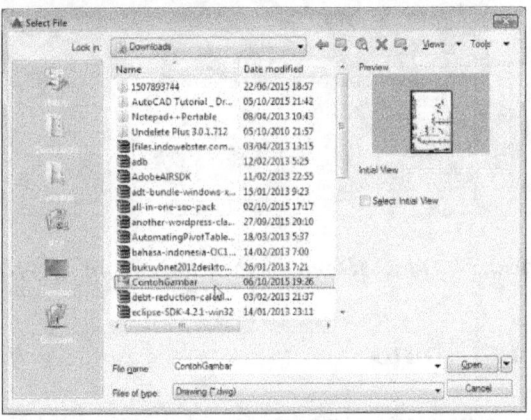

Pic 2.35 Elegir el archivo que desea abrir

4. se abrirá el dibujo.

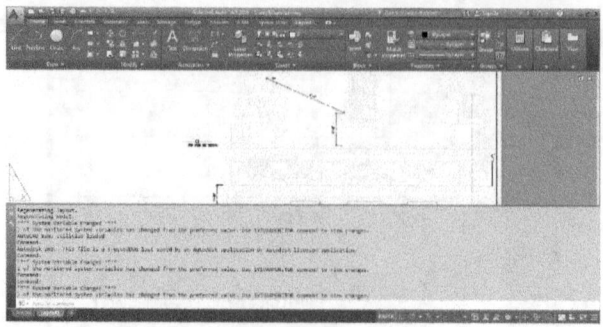

2.36 que se abra en AutoCAD

5. AutoCAD puede mostrar más de un dibujo. Cada dibujo se abrirá como MDI (interfaz de múltiples documentos) las ventanas.

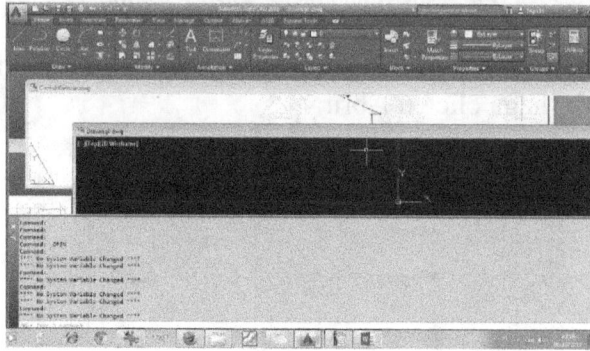

Pic 2,37 AutoCAD puede abrir más de un proyecto

2.7 Cerrar Dibujo

Un dibujo que no necesita ser editado más, cerrándola con los pasos a continuación:

1. Hacer clic AutoCAD icono para abrir el menú principal.
2. Hacer clic **Cerrar> dibujo actual** Menú para cerrar el dibujo activo.
3. o haga clic **Cerrar> Todos Dibujo** para cerrar todas dibujo.

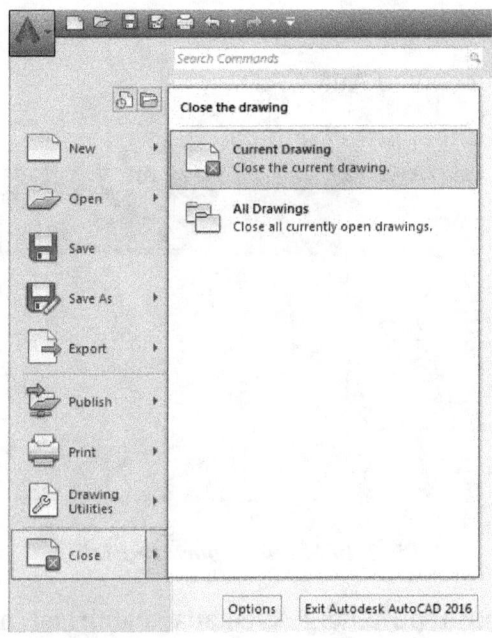

Pic 2,38 Cerrar menú para cerrar el dibujo

4. Si su modificación aún no ha guardado, aparecerá una ventana de confirmación aparecerá y le preguntará si desea guardar o no. Haga clic en Sí para guardar y No si no desea guardar la modificación.

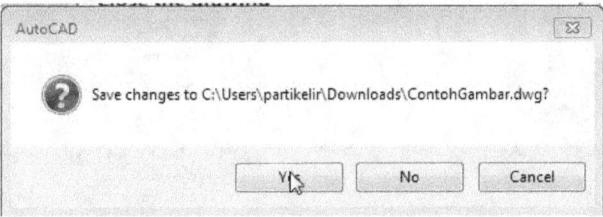

Pic ventana de 2.39 Confirmación

2.8 Exportar en formato PDF

PDF (Portable Document Format) es el formato más extendido utilizado en el mundo del diseño. AutoCAD puede exportar está dibujando directamente a pdf sin el software de terceros o complemento.

Mira pasos para exportar el dibujo como PDF:

1. Haga clic en icono de AutoCAD.
2. Haga clic en Exportar> PDF menú.

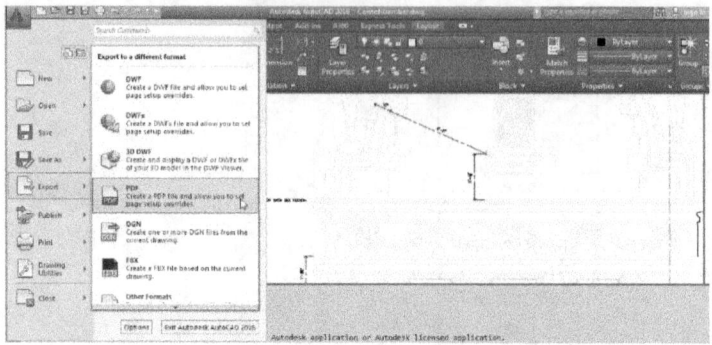

Pic 2.40 Menú Exportar> PDF

3. **Guardar como pdf**emerge ventana, elegir un nombre para el nuevo archivo pdf en Nombre de archivo de texto. Y haga clic en Guardar.

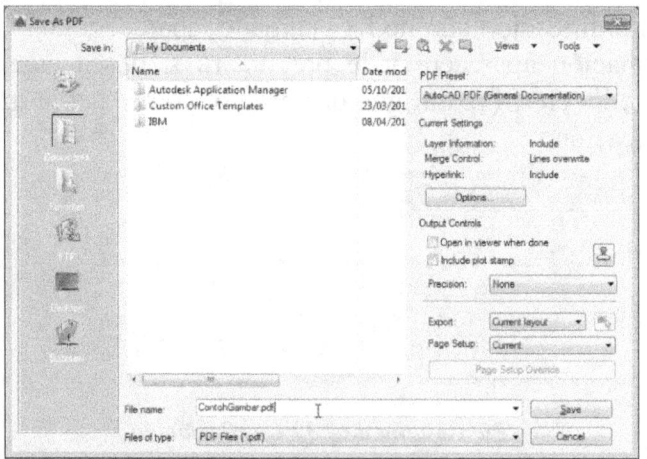

Pic nombre del archivo 2.41 Inserción de archivo pdf

4. El archivo se inserta en formato PDF.

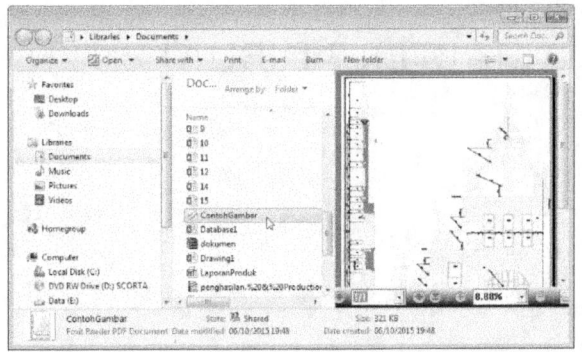

Pic archivo PDF 2,42 ya creado

CHAPTER 3 DIBUJO EN 2D

En este capítulo se explicará comandos importantes que se pueden utilizar para dibujar 2 planos dimensionales en AutoCAD. Dibujo en 2D es la base del dibujo de AutoCAD.

3.1 Puesta en funcionamiento mordedora

Cuando dibujar con AutoCAD, se puede hacer uso de su opción de rotura. Para activar la referencia a rejilla, sólo tiene que pulsar F9 en su teclado o haga clic en activar "Ajustar a la cuadrícula de dibujo" en la esquina inferior derecha. Con la apertura de los parámetros de referencia, se puede ajustar la cuadrícula de dibujo, así como la exactitud de la referencia a rejilla.

Pulsando F3 o hacer clic en referencia a objetos, se puede activar el recorte de las esquinas, líneas, puntos, puntos medios y muchos más. Editar el objeto ajuste a sus objetivos de dibujo actual. Si tiene problemas con la introducción de coordenadas o el dibujo, trate de apagar o desactivar el ajuste y tratar de no utilizar la red y de referencia a objetos de forma simultánea. Esta herramienta es útil para dibujar bocetos rápidos y para evitar agujeros en su dibujo.

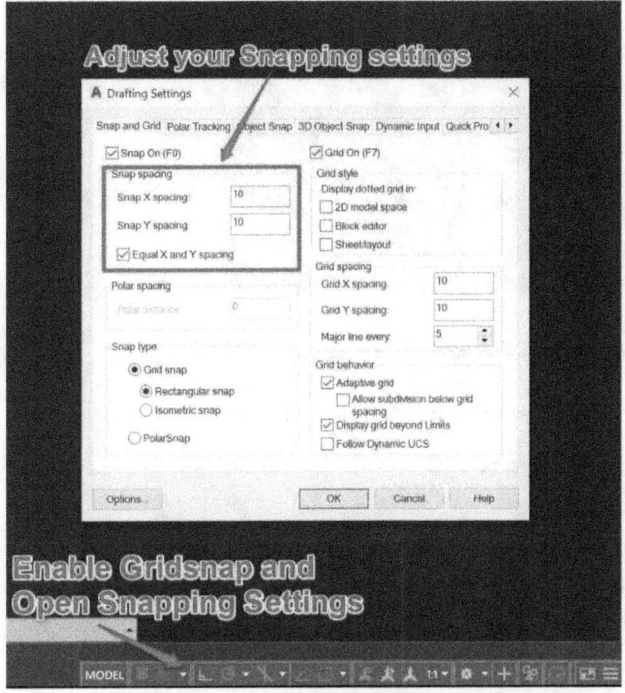

Pic 3.1 Configurar mordedora

3.2 Crear dibujo 2D

Hay un montón de tipos de dibujo 2d usted debe entender. Desde la línea de donut. Te voy a mostrar cómo dibujar 2d utilizando los tipos de dibujo.

3.2.1 Trazar una línea

Línea es el tipo básico de dibujo. Es una línea recta que conecta dos puntos. Se puede trazar una línea siguiendo los pasos a continuación:

1. Hacer clic **Línea** Botón de Inicio> Dibujar la cinta.

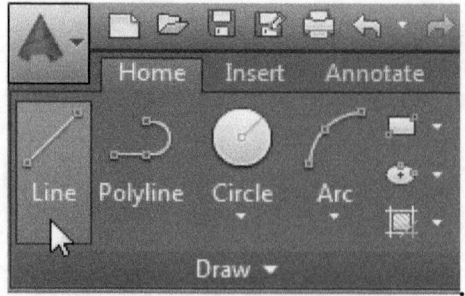

Pic botón Línea 3.2 Haga clic en Inicio> Dibujar

2. O puede escribir "línea" en el símbolo del sistema.

3. símbolo del sistema apareces:

```
Línea del punto:
```
4. Puede insertar con coordenadas absolutas o haga clic en el dibujo.

```
Preguntar: Para el punto:
```
5. Insertar la segunda ubicación del punto.

6. Antes de crear LINE, limita el espacio de trabajo mediante la inserción de comandos límites.

```
Comando: LÍMITES
Restablecer los límites del espacio modelo:
```
7. Establecer el límite inferior izquierda a 0,0.

```
Especificar esquina inferior izquierda o [ON / OFF]
<0.0000,0.0000>: 0,0
```
8. A continuación, especifique the top right limit to 100,100. This will make creating picture easier, because the canvas for this tutorial is from 0,0 to 100,100.

```
Specify upper right corner <420.0000,297.0000>: 100,100
```
9. Then type the line to start creating line, specify the first point to 10,10.

```
Command: LINE
Specify first point: 10,10
```
10. When you move the pointer, you'll see that the first point of line glued to 10,10, and you still can move the mouse pointer.

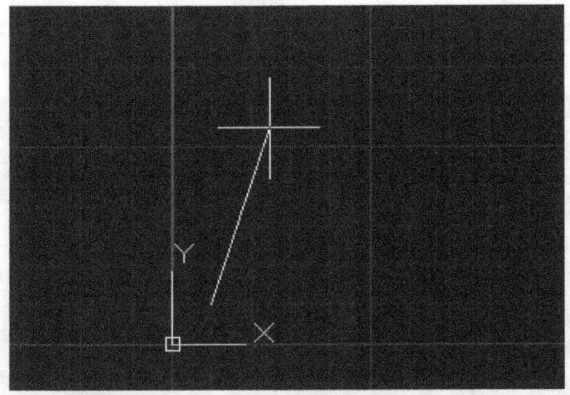

Pic 3.3a The first point of line glued to 10,10

11. You can change the pointer right or left.

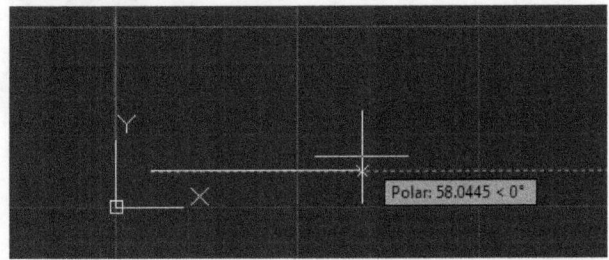

Pic 3.3b Pointer mouse still can be moved

12. For the next point, choose 50,50. You can see the line glued to 50,50.

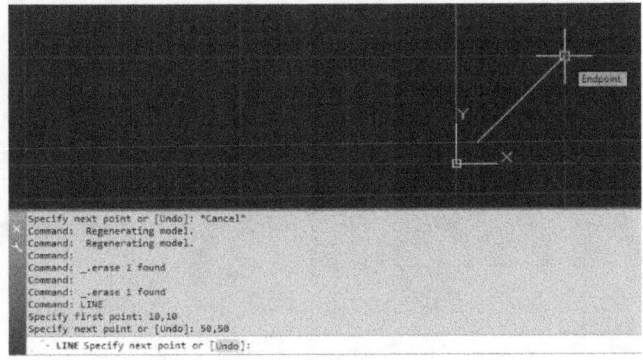

Pic 3.4 Line connected from 10,10 to 50,50

13. Click Enter, a line will be created, and the pointer released from the line.

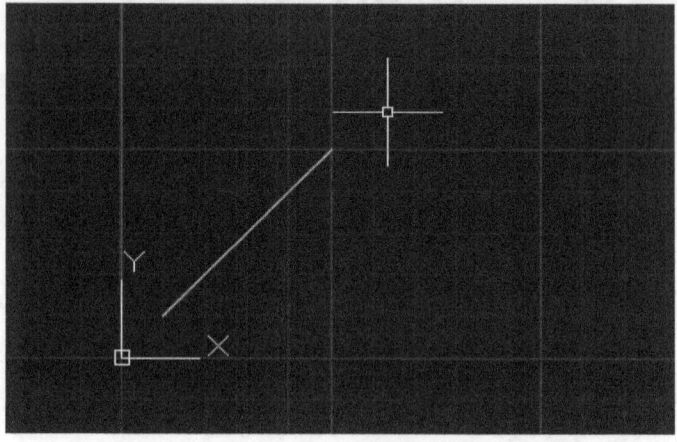

Pic 2.5 Line created, and the pointer mouse released

14. All command line texts in this tutorial:

```
Command: LINE
Specify first point: 10,10
Specify next point or [Undo]: 50,50
Specify next point or [Undo]:
```

In the next tutorial, we'll draw a line using relative coordinate, you can see the steps below:

1. Type Line

```
Line
```

2. Specify the first point = 10,10.

```
Specify first point: 10,10
```

3. Specify next point @50,25 relative from the first point.

```
Specify next point or [Undo]: @50,25
```

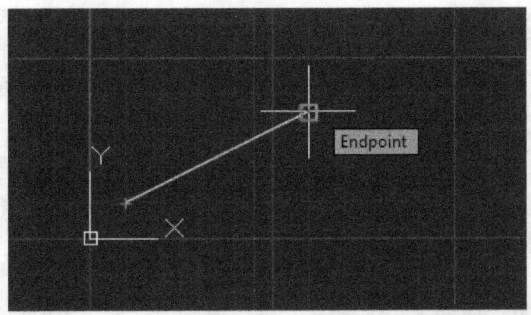

Pic 3.6 Specify second point using relative coordinate

4. Click Enter, line will be created.

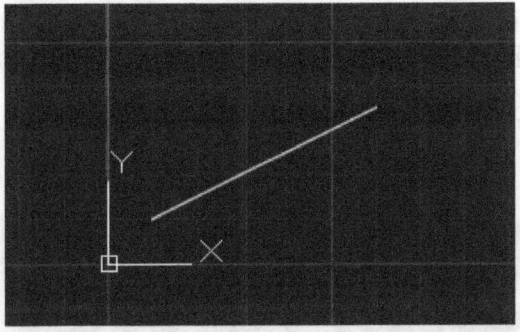

Pic 3.7 Line created using relative coordinate for the second point

5. To delete line, click on the line to select the line first. Selected line will become dotted line.

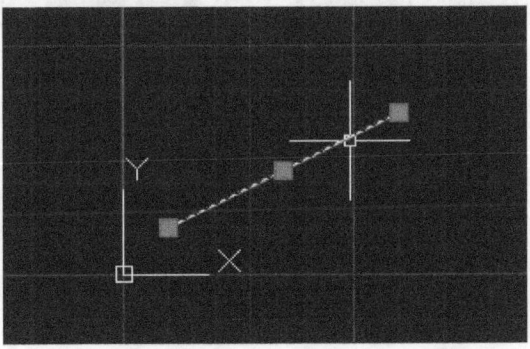

Pic 3.8 Selected Line become dotted

6. Click **Delete** button on your keyboard, or right-click and click Erase menu.

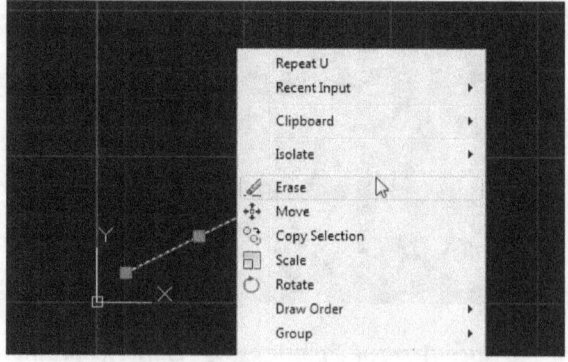

Pic 3.9 Erase menu to delete selected line

The third tutorial is using angle coordinate. Here's the method to draw a line using angle coordinate:

1. Insert line command, and specify the first point = 10,10.

```
Command: LINE
Specify first point: 10,10
```

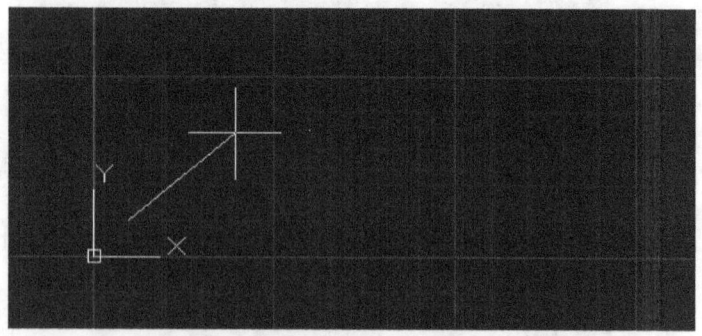

Pic 3.20 Specify the first point = 10,10

2. Then Specify second point 50 units from the first point, and with <45 degrees. Click Enter:

```
Specify next point or [Undo]: @50<45
Specify next point or [Undo]:
```

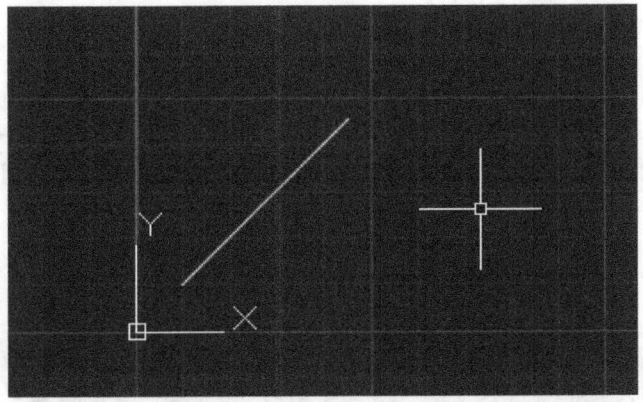

Pic 3.21 Drawing line by degree coordinate

✓ **_Exercise Drawing a Line_**

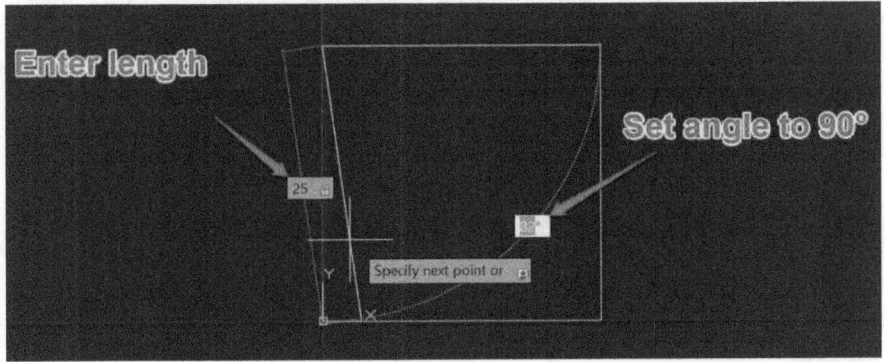

To create your first sketch, select Top View with the compass. Disable Grid Snap by pressing F9. Now type "line" and press Enter. This will enable the Line command.

With AutoCAD, you can simply type in the first letters of any command. The software will autocomplete or show any available commands. When you have entered the line command, it asks you to specify the first point. You can now either select a random point in your DrawSpace or enter the coordinates. Enter 0 for X-Coordinate, change to Y-Coordinate by pressing Tab, enter 0 as well and confirm your coordinates by pressing Enter. You have now selected the center of the coordinate system as Start.

Now move your mouse to the positive side of the X-Axis. You can now see how the coordinate input changed to Polar coordinates. Enter 25 for the length of the line by pressing Tab you can switch to the angular input. Try sketching a square for starting. When you have returned to the center, press Escape to end the line command.

✓ ***Exercise Drawing a Line***

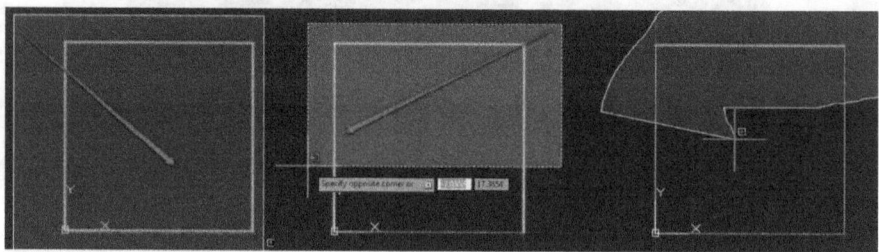

To select objects, you can click on them. Unselect by holding down the "Shift" key and clicking again. Select multiple objects by left-clicking and moving from left to right. This will select all objects fully enclosed within the blue rectangle. When you drag from right to left, you will select all objects touched by the green rectangle. Click again to confirm the selection. Clicking and holding the left mouse button will enable the lasso, which lets you select a random shape.

3.2.2 Drawing Polyline

Polyline is multiline, more than one lines that composed by line and the arc segments. See picture below for polyline example:

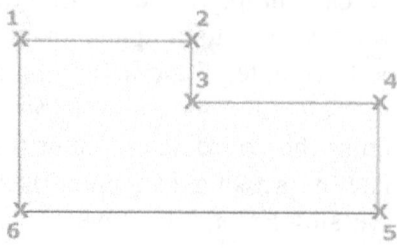

Pic 3.22 Polyline example

Some notes on polyline:

- Specify start point: similar to LINE command, specify the first point or initial point.

- Next:

```
polyline, line, or the arc.
Specify next point
```

- If you choose the second point, you'll create straight line.

- If you enter other option, for example the arc, you'll make an the arc.

There are some prompts related to line and the arc:

- Close : connects first segment and the last segment to draw a closed polyline.

- Halfwidth: half width of the segment, from the center to outer.

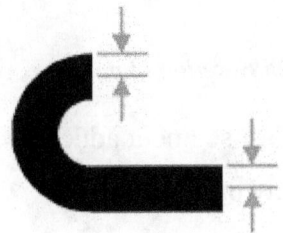

Pic 3.23 Halfwidth

- Width: The width of next segment.

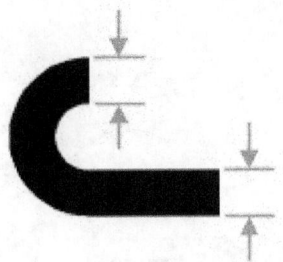

Pic 3.24 Width

- The first part of width will equal the last width. The last width will be uniform to all segments until you change another width. The first part and the end part of width is similar to the width at the middle of the segment.

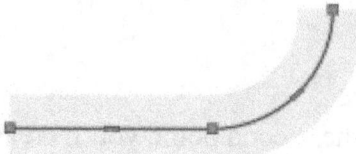

Pic 3.25 Width in line and the arc

- At the intersection of a polyline, there will be a bevel.

Pic 3.26 Beveling in polyline

- Undo will erase the last segment added.

Some arguments in Line-Only prompt:

- The arc: creating the arctangent from the previous segment.
- Length: Creating segment with length = next segment. If the next segment is an the arc, the new segment will be tangent from the arc segment.

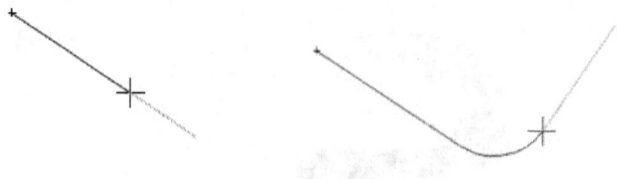

Pic 3.27 Length

Some arguments in the arc-only prompts:

- Endpoint of the arc: Completing the arc segment. Tangent from the previous polyline segment.

- Angle: Specifying the angle from the arc segment from center point. If positive = counter clockwise, if negative = clockwise.

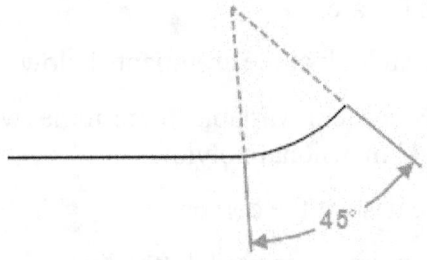

Pic 3.28 Angle

- Center: Specifying the arc segment based on center point. See picture below:

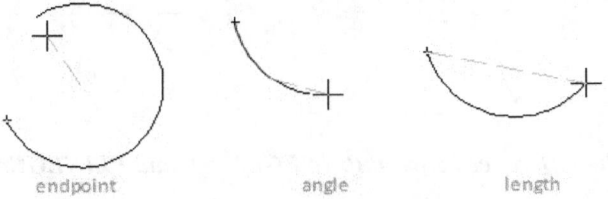

Pic 3.29 Endpoint, angle, and length

- Direction: Specifying tangent for the arc segment.

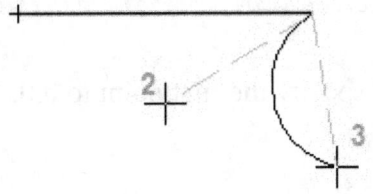

Pic 3.30 Direction

- (2) is the tangent direction from the arc's start point.
- (3) is the last point of the arc. You can use Ctrl to draw counter clockwise.
- Line: Change from the arc drawing to line drawing.
- Radius: Determine the radius from the arc segment.
- Second pt: Determine the second point and the last point from three points the arc.

For a Linetype pattern look at the arguments below:

- PLINEGEN system variable, determine what type of line created in 2 dimensional polyline.
- 0 will create dash at the corner.
- 1 will draw an uninterrupted dotted line.

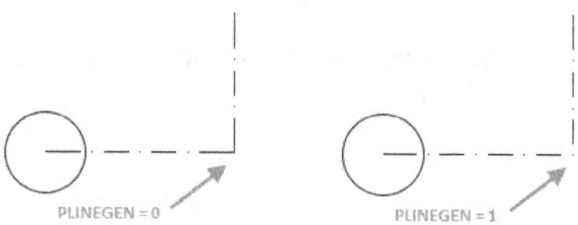

Pic 3.31 The difference between PLINEGEN = 0 and PLINEGEN = 1

See tutorial below to create Polyline:

1. First, create limit from 0,0 to 100,100.

```
Command: limits
Reset Model space limits:
Specify lower left corner or [ON/OFF] <0.0000,0.0000>: 0,0
Specify upper right corner <420.0000,297.0000>: 100,100
```

2. Type polyline and specify the first point to 0,0.

```
Command: POLYLINE
PLINE
Specify start point: 10,10
Current line-width is 0.0000
```

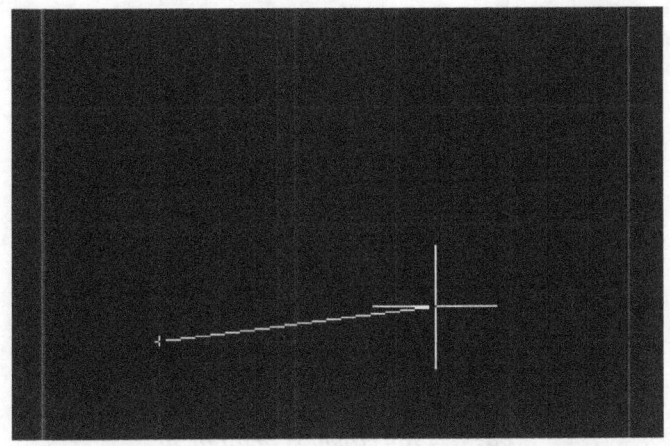

Pic 3.32 Specify the first point of Polyline to 10,10

3. Specify next line to 80,10.

```
Specify next point or [The arc/Halfwidth/Length/Undo/Width]:
<Object Snap Tracking on> 80,10
```

Pic 3.33 Specify second point to 80,10

4. Specify next point to 80,50.

```
Specify next point or [The arc/Close/Halfwidth/Length/Undo/Width]:
80,50
```

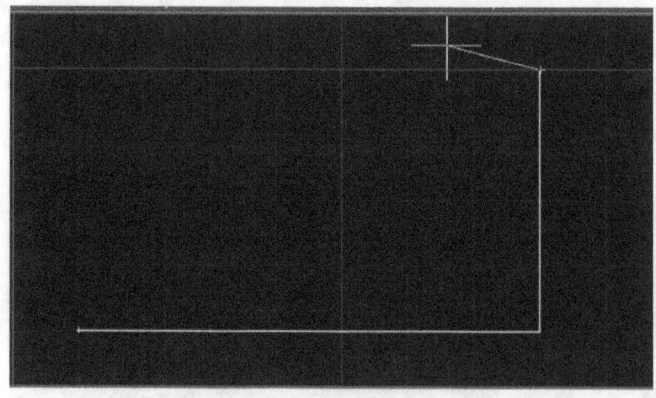

Pic 3.34 Specify next point to,50

5. To create the the arc, insert argument A, and specify angle = 20 and end point of the arc to 10,50.

```
Specify next point or [The arc/Close/Halfwidth/Length/Undo/Width]:
A
Specify endpoint of the arc (hold Ctrl to switch direction) or
[Angle/CEnter/CLose/Direction/Halfwidth/Line/Radius/Second
pt/Undo/Width]: A
Specify included angle: 20
Specify endpoint of the arc (hold Ctrl to switch direction) or
[CEnter/Radius]: 10,50
Specify endpoint of the arc (hold Ctrl to switch direction) or
```

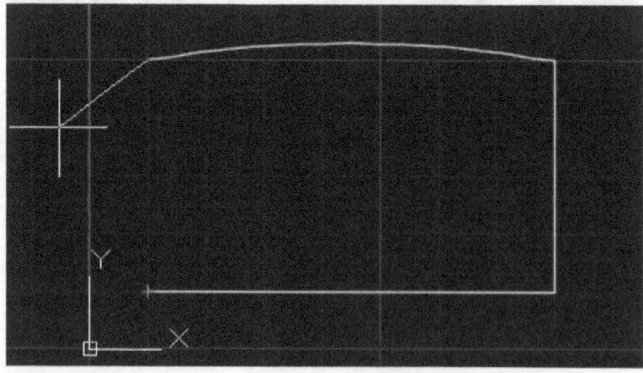

Pic 3.35 The arc creation

6. Back to draw a line, by inserting l argument and type C to close the polyline.

```
Specify endpoint of the arc (hold Ctrl to switch direction) or
[Angle/CEnter/CLose/Direction/Halfwidth/Line/Radius/Second
pt/Undo/Width]: l
```

```
Specify next point or [The arc/Close/Halfwidth/Length/Undo/Width]:
C
```

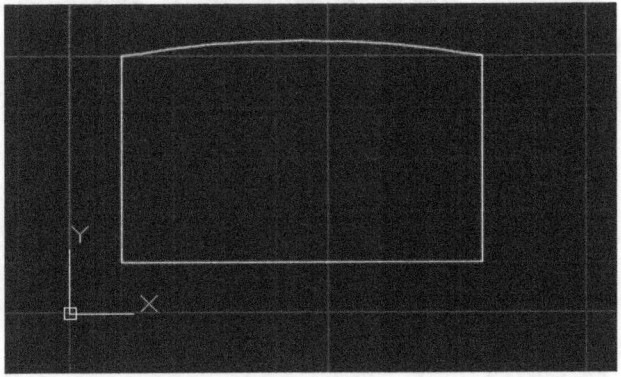

Pic 3.36 Polyline creation

The second tutorial on creating polyline:

1. Insert polyline set start point to 10,10 set halfwidth to 1.

```
Command: POLYLINE PLINE
Specify start point: 10,10
Specify next point or [The arc/Halfwidth/Length/Undo/Width]: h
Specify starting half-width <5.0000>: 1
Specify ending half-width <1.0000>:
```

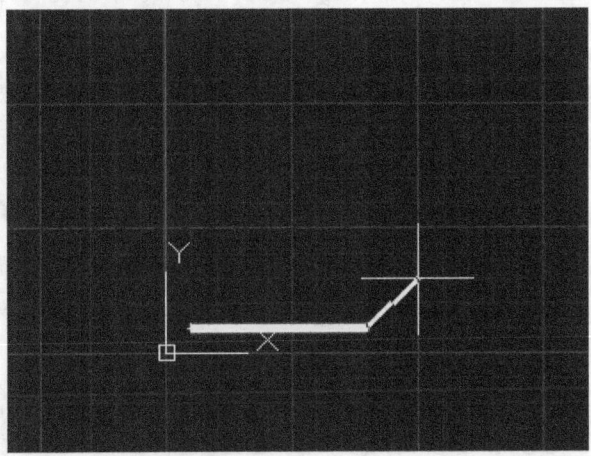

Pic 3.37 Setting halfwidth to 1 and start point to 10,10

2. Set the next point to 80,10 and 80,50.

```
Specify next point or [The arc/Halfwidth/Length/Undo/Width]: 80,10
Specify next point or [The arc/Close/Halfwidth/Length/Undo/Width]:
80,50
```

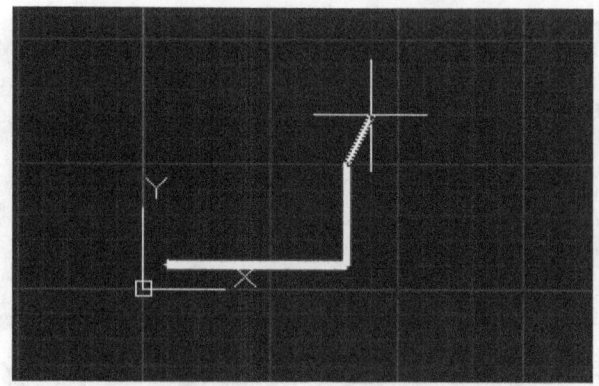

Pic 3.38 Set next point to 80,10 and 80,50

3. Create the arc with radius = 50 and the next point to 10,50.

```
Specify next point or [The arc/Close/Halfwidth/Length/Undo/Width]: a
Specify endpoint of the arc (hold Ctrl to switch direction) or
[Angle/CEnter/CLose/Direction/Halfwidth/Line/Radius/Second pt/Undo/Width]: r
Specify radius of the arc: 50
Specify endpoint of the arc (hold Ctrl to switch direction) or
[Angle]: 10,50
```

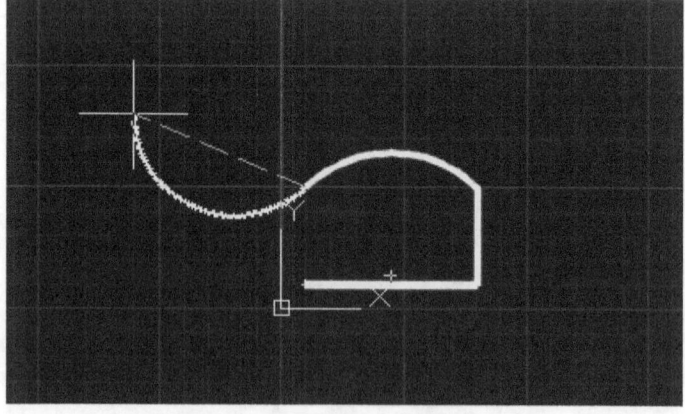

Pic 3.39 Create the arc

4. Choose Close, polyline created with width = 2.

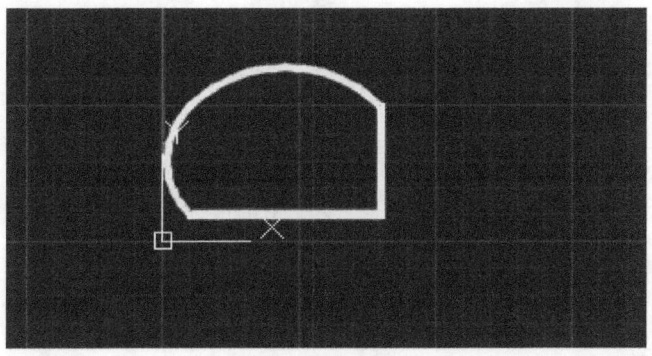

Pic 3.30 Polyline created

3.2.3 Drawing a circle

Circle command used to draw a circle, you can make a circle using some combinations. See examples below to draw a circle in AutoCAD:

1. Type circle, command and let the center to 50,50.

```
Command: CIRCLE
Specify center point for circle or [3P/2P/Ttr (tan tan radius)]:
50,50
```

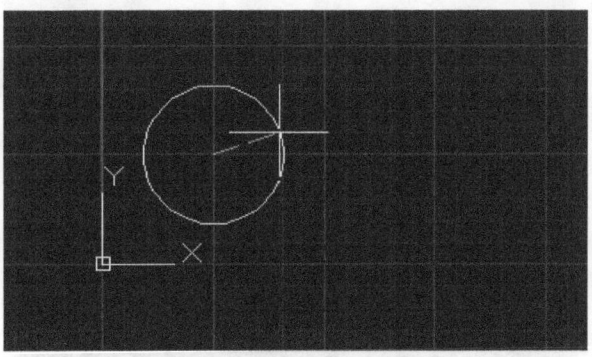

Pic 3.31 Specify center point to 50,50

2. Specify the radius = 50. A circle will be created

```
Specify radius of circle or [Diameter] <50.0000>: 50
```

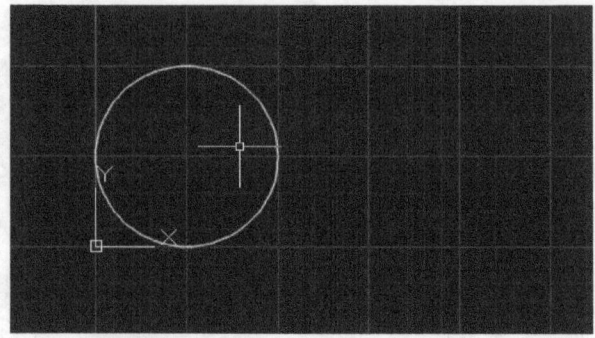

Pic 3.32 Drawing a circle with center = 50,50 and radius = 50

You can also draw a circle by specifying three points. Look at this tutorial:

1. Insert circle command and chooes 3p.
2. Specify the first point to 50,0, the second point to 100,0 and the third point to 50,50.

```
Command: CIRCLE
Specify center point for circle or [3P/2P/Ttr (tan tan radius)]: 3p
Specify the first point on circle: 50,0
Specify second point on circle: 100,0
Specify the third point on circle: 50,50
```

3. AutoCAD will draw a circle based on three points inserted.

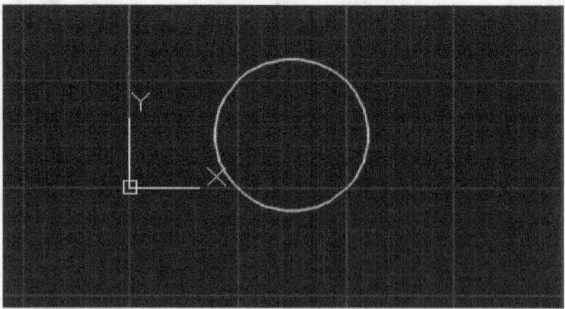

Pic 3.33 Circle created by specifying 3 points

You can also specify 2 points to draw a circle. See steps below:

1. Type "circle" and type 2P for 2 points.
2. Specify the first point 10,10 and 100,10 as second point.

```
Command: CIRCLE
Specify center point for circle or [3P/2P/Ttr (tan tan radius)]: 2p
Specify first end point of circle's diameter: 10,10
Specify second end point of circle's diameter: 100,10
```

3. If it's saved, you'll see the circle created:

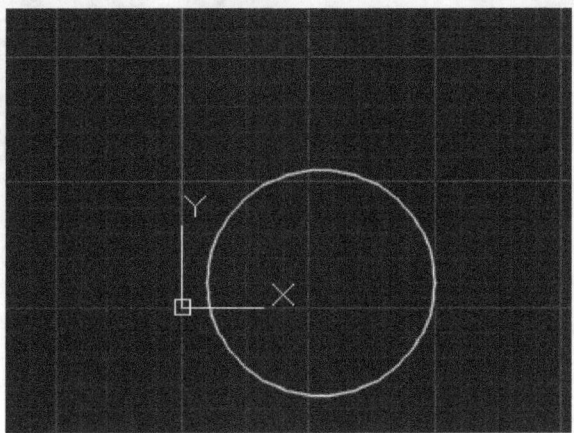

Pic 3.34 Circle created by specifying two points

You can also draw a circle by using 2 tangent and radius. See example below:

1. For example, there are 2 the arcs and I want to draw a circle that tangents to those the arcs and certain radius.

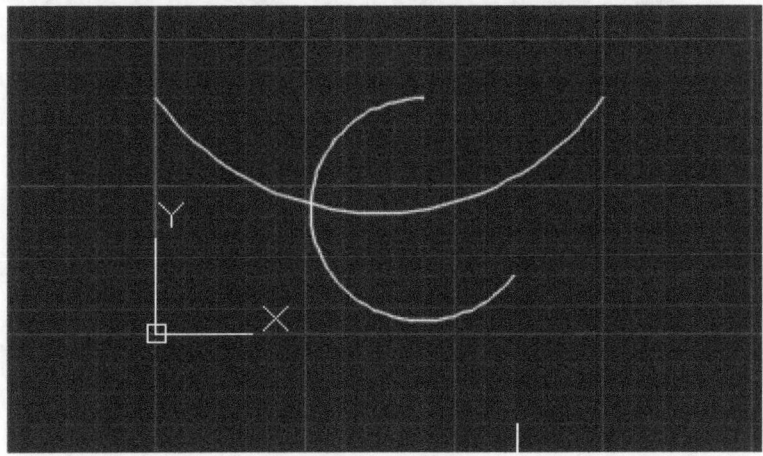

Pic 3.35 Two the arcs

2. Insert circle command and type T in circle parameter.

```
Command: CIRCLE
```

```
Specify center point for circle or [3P/2P/Ttr (tan tan radius)]: t
```
3. Click first the arc.

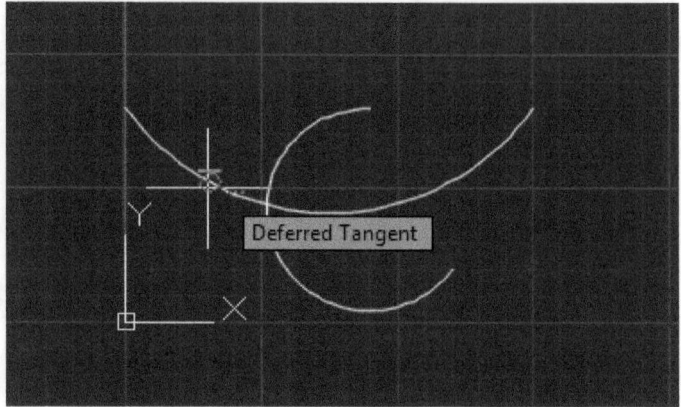

Pic 3.36 Click first the arc

4. Click on the second arc.

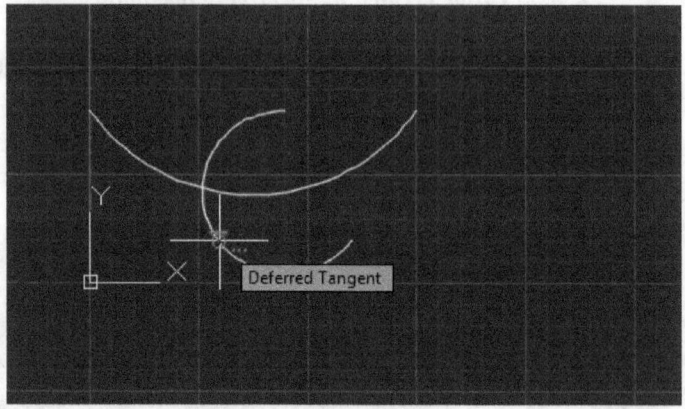

Pic 3.37 Click on second the arc

5. Specify the radius, for this example, I use 50.

```
Command: CIRCLE
Specify center point for circle or [3P/2P/Ttr (tan tan radius)]: t
Specify point on object for first tangent of circle:
Specify point on object for second tangent of circle:
Specify radius of circle <50.0000>: 50
```

6. Click Enter, the circle will be created that tangent to those two the arcs.

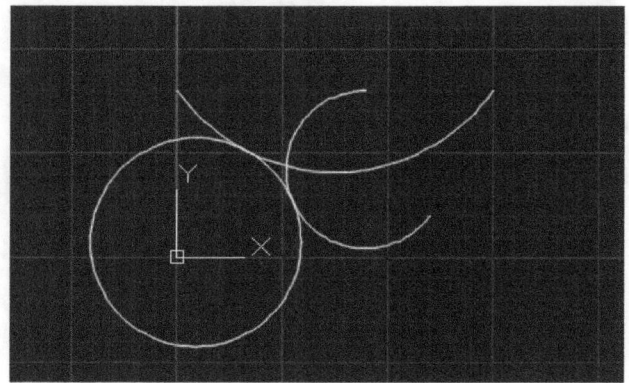

Pic 3.38 Circle with Tan-tan radius

Forth method to draw a circle is by specifying three tangent. See the example below:

1. For example, there are three lines like picture below:

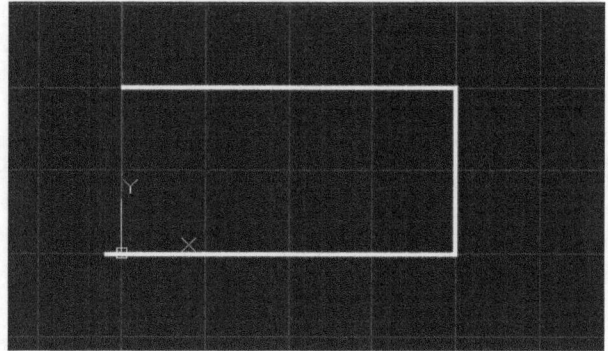

Pic 3.39 Three lines as tangents

2. Click on Circle > Tan, Tan, Tan menu.

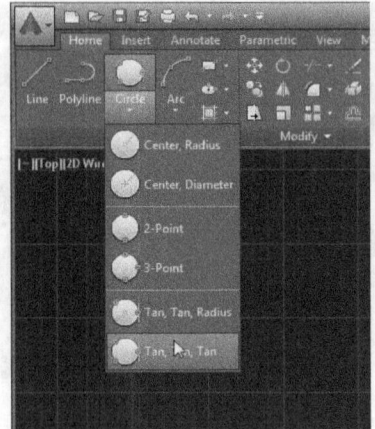

Pic 3.40 Menu Circle > Tan, Tan, Tan

3. Click on the first line.

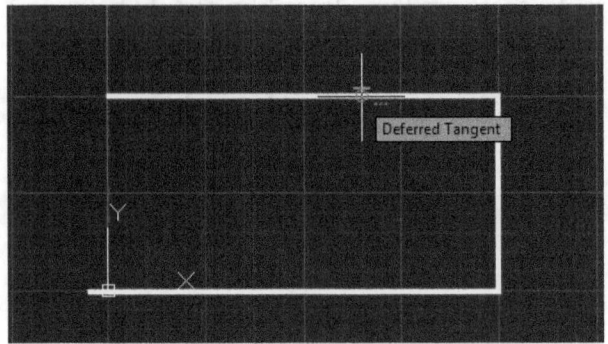

Pic 3.41 Click on the first line

4. Click on the second line.

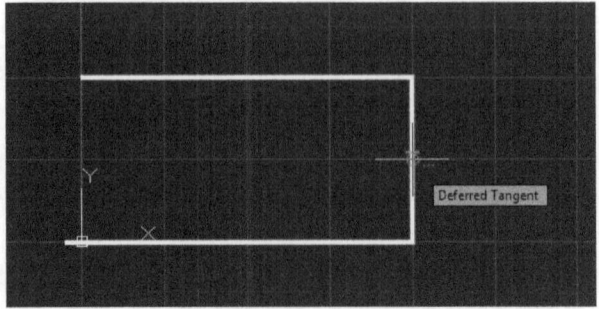

Pic 3.42 Click on second line

5. Click on the third line.

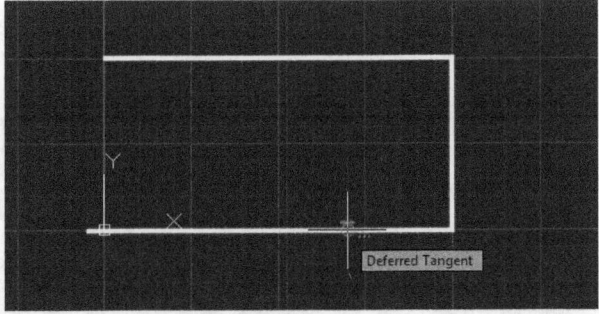

Pic 3.43 Click on the third line

6. The circle will be created.

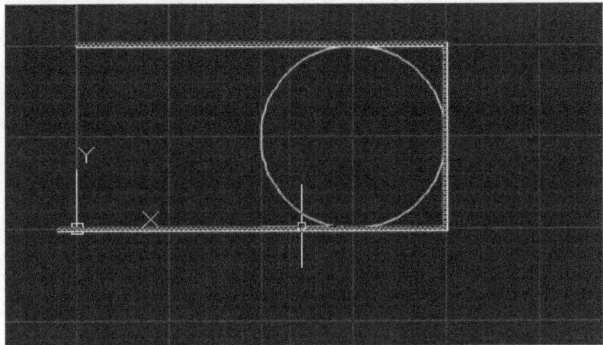

Pic 3.44 The circle created

3.2.4 Drawing The arc

The arc can be created using some methods. First by specifying three points. See tutorial below:

1. Type "the arc" in command line.

2. Specify start point to 0,0.

3. Specify second point to 100,50.

4. Specify the third point to 150,0.

```
Command: THE ARC
Specify start point of the arc or [Center]: 0,0
Specify second point of the arc or [Center/End]: 100,50
Specify end point of the arc: 150,0
```

5. The arc will be created:

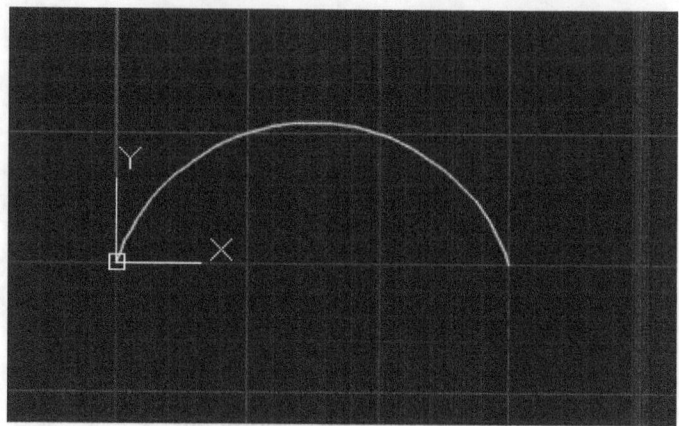

Pic 3.45 The arc created

The second method of creating the arc is by specifying start, center and angle. See steps below:

1. Execute "the arc" command.
2. Specify start point to 0,0.
3. Specify center point of the arc to 50,0.
4. Choose angle and set to -45 degrees.

```
Command: THE ARC
Specify start point of the arc or [Center]: 0,0
Specify second point of the arc or [Center/End]: C
Specify center point of the arc: 50,0
Specify end point of the arc (hold Ctrl to switch direction) or
[Angle/chord Length]: -45
```

5. See picture below for the arc created:

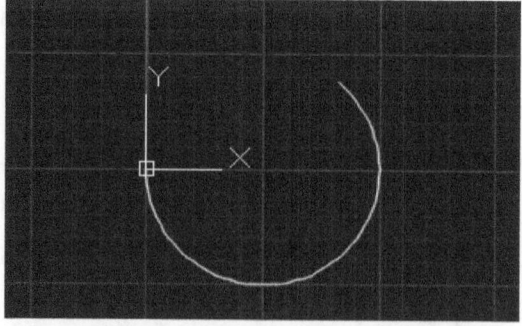

Pic 3.46 The arc created by start point, center, and angle

The second method to create the arc is by specifying Start, Center, Length.

1. Execute the arc command, specify start point of the arc to 0,0.

```
Command: THE ARC
Specify start point of the arc or [Center]: 0,0
Specify second point of the arc or [Center/End]: C
```

2. In Specify second point of the arc, click C to specify Center.

3. Specify center to 50,-40.

4. Insert L to specify length.

5. Specify length = 40.

```
Specify center point of the arc: 50,-40
Specify end point of the arc (hold Ctrl to switch direction) or
[Angle/chord Length]: L
Specify length of chord (hold Ctrl to switch direction): 40
```

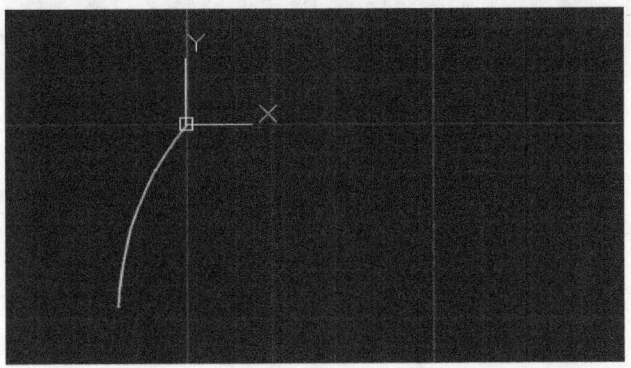

Pic 3.47 The arc created using the arc, center, and length

Next the arc type creation method is by specifying Start End angle. Just enter the start point, end point, and angle. See steps below:

1. Run The arc command, and specify start point to 0,0.

2. Choose E to specify "End point" method.

3. Specify point 100,100 for end point.

```
Command: THE ARC
Specify start point of the arc or [Center]: 0,0
Specify second point of the arc or [Center/End]: E
Specify end point of the arc: 100,100
```

4. Insert A to specify Angle.

5. Type -30 for the angle.

```
Specify center point of the arc (hold Ctrl to switch direction) or
[Angle/Direction/Radius]: A
Specify included angle (hold Ctrl to switch direction): -30
```

6. The arc will be created.

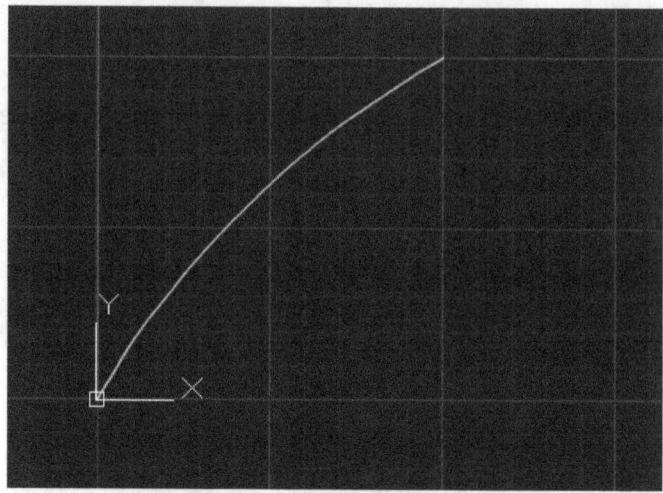

Pic 3.48 The arc created using Start End, and Angle

Next the arc type is Start End, Direction. Here's how to create it:

1. Execute the arc command.
2. Specify start point to 0,0.and type E to select End method.
3. Specify End point to 100,0.

```
Command: THE ARC
Specify start point of the arc or [Center]: 0,0
Specify second point of the arc or [Center/End]: E
Specify end point of the arc: 100,0
```

4. Choose D for direction.

```
Specify center point of the arc (hold Ctrl to switch direction) or
[Angle/Direction/Radius]: D
```

5. Specify tangent direction to -45.

```
Specify tangent direction for the start point of the arc (hold Ctrl
to switch direction): -45
```

6. The arc will be created:

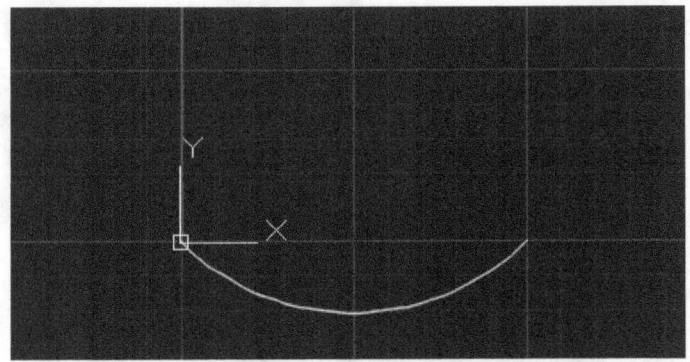

Pic 3.49 The arc created using Start, End, Direction method

Another method to create the arc is by using Start End Radius method. See steps below:

1. Click on The arc > Start, End, Radius.

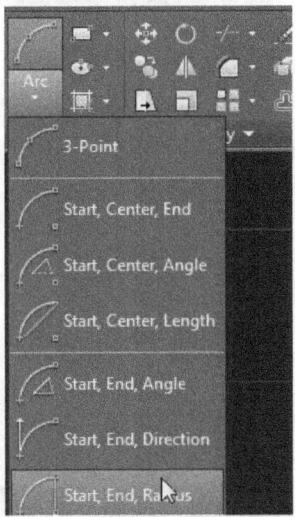

Pic 3.50 Start, End, Radius menu

2. This will set the Start, End, Radius method to create the arc.

3. Specify start point of the arc to 0,0.

```
Command: _the arc
Specify start point of the arc or [Center]: 0,0
Specify second point of the arc or [Center/End]: _e
```

4. Specify end point of the arc to 100,100.

```
Specify end point of the arc: 100,100
```

5. Specify radius to 90.

```
Specify center point of the arc (hold Ctrl to switch direction) or
[Angle/Direction/Radius]: _r
Specify radius of the arc (hold Ctrl to switch direction): 90
```

6. You can see the result below:

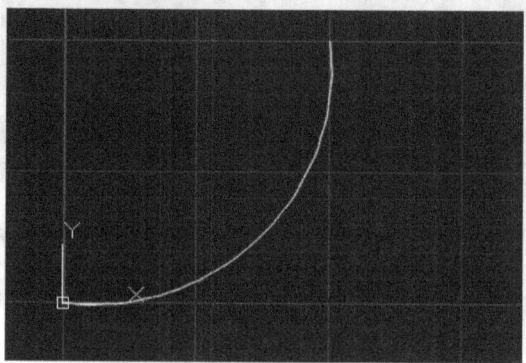

Pic 3.51 The arc created

You can also use Center, Start, End method to create the arc. See steps below:

1. Insert the arc command, then enter C argument for Center.

```
Command: THE ARC
Specify start point of the arc or [Center]: C
```

2. Specify center of the arc = 50,0, and set start point to 0,0.

```
Specify center point of the arc: 50,0
Specify start point of the arc: 0,0
```

3. Specify end point to 100,100.

```
Specify end point of the arc (hold Ctrl to switch direction) or
[Angle/chord Length]: 100,0
```

4. You can see the result as below:

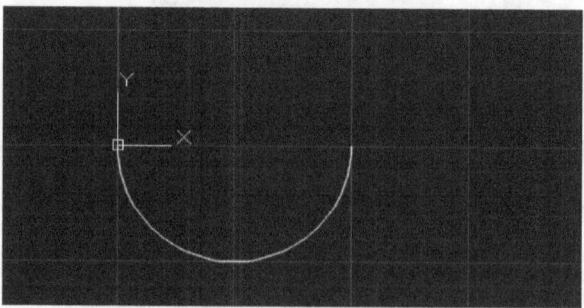

Pic 3.52 Specify center, start, end

Next method is Center Start Angle to create the arc. See steps below:

1. Execute "the arc" command.
2. Choose C for Center.
3. Specify the center point to 50,0.

```
Command: THE ARC
Specify start point of the arc or [Center]: C
Specify center point of the arc: 50,0
```

4. Specify the start point of the arc to 0,0, then choose A for Angle.

```
Specify start point of the arc: 0,0
Specify end point of the arc (hold Ctrl to switch direction) or
[Angle/chord Length]: A
```

5. Specify the angle = 45 degrees.

```
Specify included angle (hold Ctrl to switch direction): 45
```

6. The result will be as below:

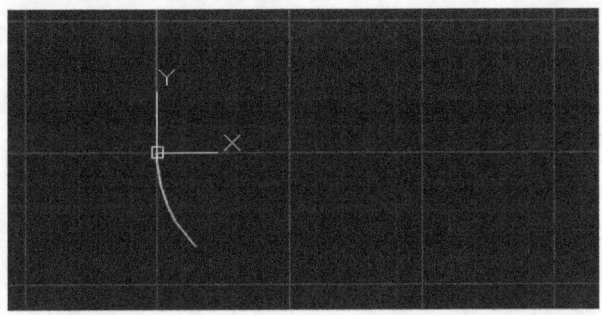

Pic 3.53 The arc creating using "center, start, angle"

Next method is by using Center, Start, and Length. See the steps below:

1. Run "the arc" command.
2. Choose C for Center.

```
Command: THE ARC
Specify start point of the arc or [Center]: C
```

3. Specify the center point of the arc to 50,0.
4. Specify the start point to 0,0.
5. Choose L in Angle/Chord Length.

```
Specify center point of the arc: 50,0
Specify start point of the arc: 0,0
Specify end point of the arc (hold Ctrl to switch direction) or
[Angle/chord Length]: L
```

6. Specify the length of the arc to 100.

`Specify length of chord (hold Ctrl to switch direction): 100`

7. The arc will be as below:

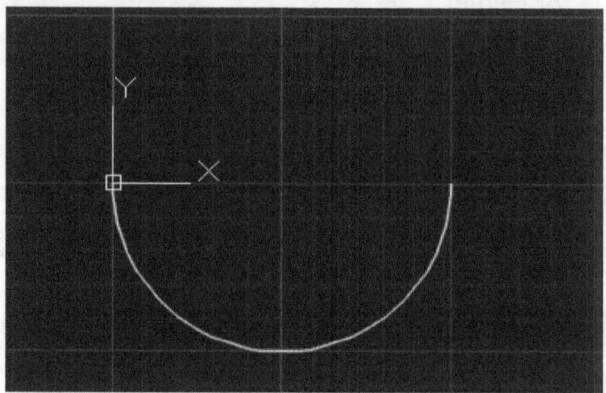

Pic 3.54 The arc already created

To draw a new the arc connected from existing the arc, you can use Continue. Here are the steps:

1. After creating the arc.
2. Click on **arc > Continue**in the Home > Draw ribbon.

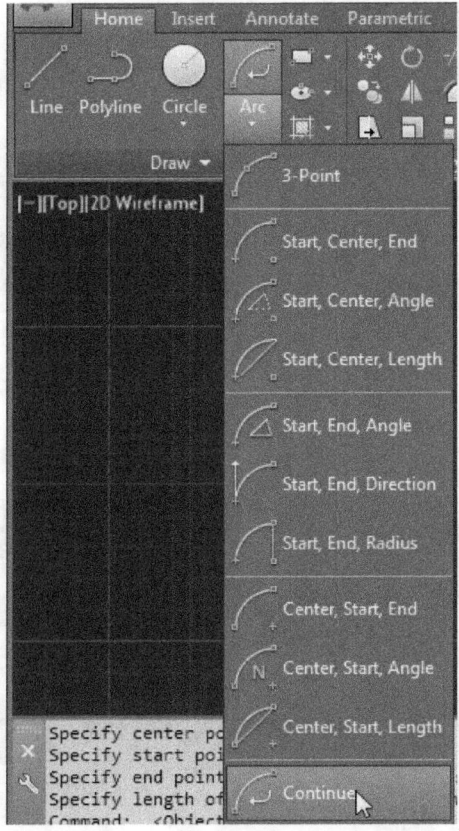

Pic 3.55 Arc > Continue menu

3. You can continue creating the arc from the existing arc.

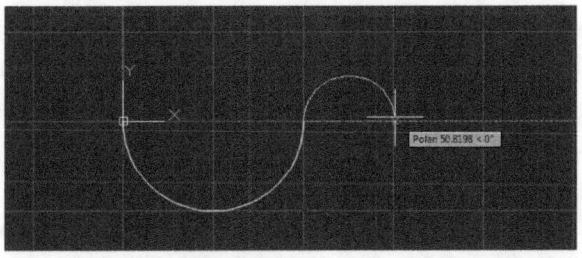

Pic 3.56 Continue creating the arc from the existing arc

4. If you click Enter, another segment of the arc will created.

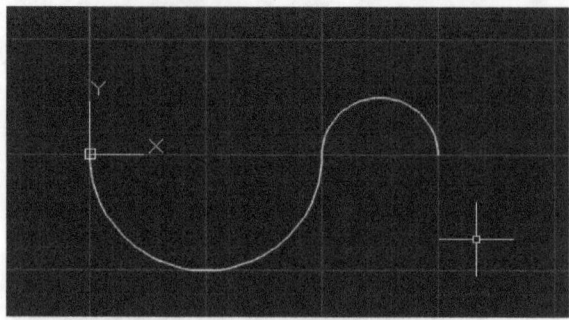

Pic 3.57 The arc segment created

5. By iterating steps above, you can create the arc as much as you want.

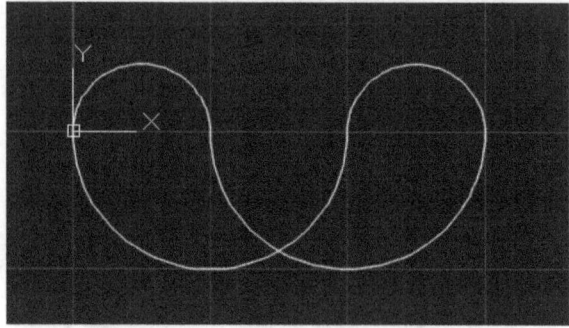

Pic 3.58 The arcs created

3.2.5 Drawing Rectangle

To draw rectangle, AutoCAD, use "rectang" command. This will automatically create polyline in rectangle. Just like the arc, there are more than one methods to create rectangle.

Rectang function has many arguments. You can see the example on commands below:

```
Current settings: Rotation = 0
Specify first corner point or
[Chamfer/Elevation/Fillet/Thickness/Width]:
```

Notes on the arguments:

- First Corner Point: Specifying the first point of rectangle.

- Other Corner Point: Specifying the other point of rectangle.
- Area: Creating rectangle using area, length and width. If Chamfer or Fillet option active, the effect will be appeared on the corner of rectangle.
- Dimensions: Creating rectangle by entering the length and width.
- Rotation: Creating rectangle using certain angle rotation.
- Chamfer: Setting the chamfer of rectangle.
- Elevation: Setting the elevation of rectangle.
- Fillet: Setting fillet radius of rectangle.
- Thickness: Setting the thickness of rectangle.
- Width: Setting the line's width of rectangle.

First tutorial describes how to create simple rectangle, without fillet and width. See steps below:

1. Run "rectang" command.
2. Specify the first corner to 0,0.

```
Command: RECTANG
Specify first corner point or
[Chamfer/Elevation/Fillet/Thickness/Width]: 0,0
```

3. Specify other corner to 75,0.

```
Specify other corner point or [Area/Dimensions/Rotation]: 75,50
```

4. A simple rectangle will be created on the drawing area.

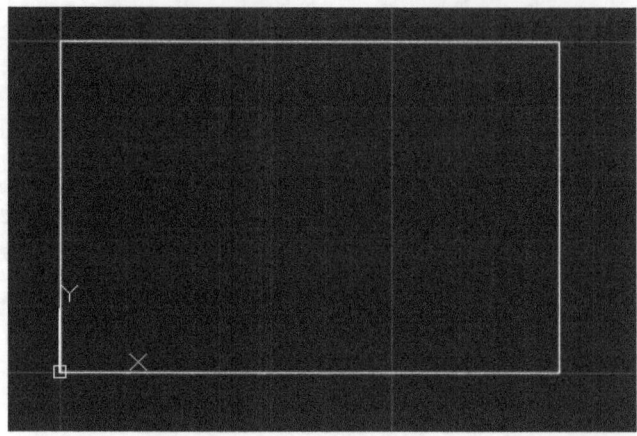

Pic 3.59 Rectangle created using RECTANG command

The rectangle may has a chamfer. See steps below to create the rectangle with a chamfer.

1. Run "RECTANG" command.
2. Choose C on "Specify first corner" to activate the chamfer.

```
Command: RECTANG
Specify first corner point or
[Chamfer/Elevation/Fillet/Thickness/Width]: C
```

3. On Specify first chamfer distance, set to 3, on specify second chamfer distance, set to 3.

```
Specify first chamfer distance for rectangles <0.0000>: 3
Specify second chamfer distance for rectangles <3.0000>: 3
```

4. Specify first corner point = 0,0. Then Specify second corner point to 50,50.

```
Specify first corner point or
[Chamfer/Elevation/Fillet/Thickness/Width]: 0,0
Specify other corner point or [Area/Dimensions/Rotation]: 50,50
```

5. The result is a rectangle with a chamfer on the corner. See picture below:

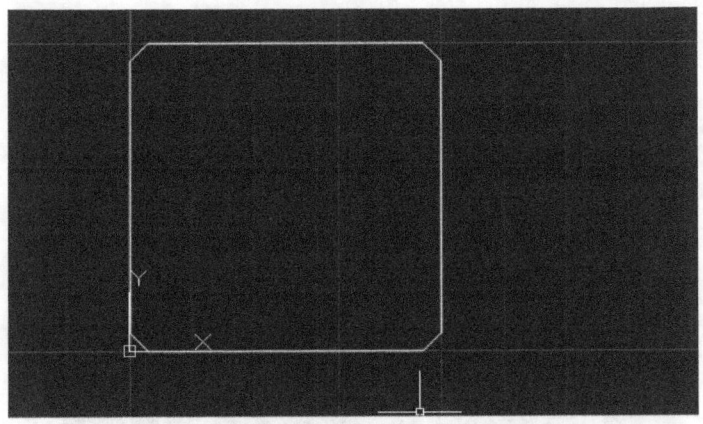

Pic 3.60 a rectangle with chamfer

You can also create fillets on the corner of rectangle. See steps below:

1. Run "rectang" command.

```
Command: RECTANG
```

2. On "Specify first corner", click F.
3. Specify the fillet radius to 3.
4. Then specify first corner point = 0,0.
5. Then Specify another corner point = 50,50.

```
Specify first corner point or
[Chamfer/Elevation/Fillet/Thickness/Width]: F
Specify fillet radius for rectangles <3.0000>: 3
Specify first corner point or
[Chamfer/Elevation/Fillet/Thickness/Width]: 0,0
Specify other corner point or [Area/Dimensions/Rotation]: 50,50
```

6. The result is a rectangle with fillet:

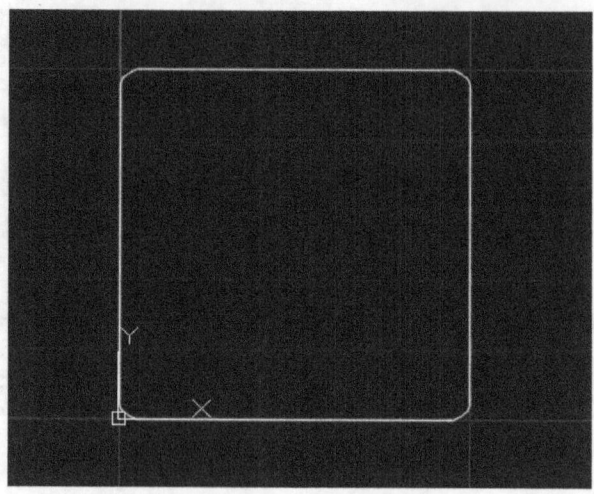

Pic 3.61 A rectangle with fillet

You can also change the width argument of a rectangle to draw a rectangle with custom width. The steps are:

1. Run "RECTANG" command.

```
Command: RECTANG
Current rectangle modes:   Fillet=3.0000
```

2. On "Chamfer/Elevation/Fillet", click w.

3. Set the width to 1.

```
Specify first corner point or
[Chamfer/Elevation/Fillet/Thickness/Width]: w
Specify line width for rectangles <0.0000>: 1
```

4. Specify the first corner point = 0,0. And then the second corner point =100,50.

```
Specify first corner point or
[Chamfer/Elevation/Fillet/Thickness/Width]: 0,0
Specify other corner point or [Area/Dimensions/Rotation]: 100,50
```

5. Rectangle created will have custom width.

Pic 3.62 Create Rectangle

✓ <u>**Exercise Drawing Basic Shapes and Edit Sketches**</u>

For this AutoCAD tutorial, type in "Rectangle" and press Enter to initiate the command. Start at the CenterPoint and end at 10/50.

Start a circle at 0/47.5 and confirm by pressing enter. Set the radius to 8. If you made a mistake, simply double-click on the sketch you want to edit. In the popped-up window edit the values.

Start a center ellipse at 0/30. Set the major radius parallel to the X-Axis to 70 and set the minor radius to 30.

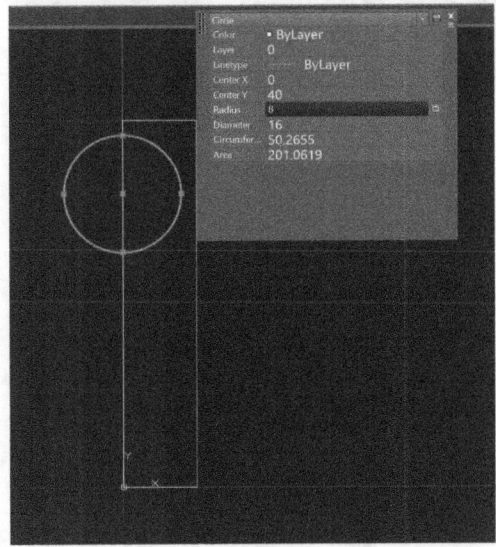

✓ *Exercise Drawing a Second Circle with Object Snap Enabled*

Draw a second circle at 25/47.5. Turn on Object Snap with by pressing F3 and guide the radius of the circle parallel to the Y-Axis until you intersect with the ellipse. Click when you see a green Cross. Draw a line starting at 10/55, you might want to turn off Object Snap, so the starting point will not get caught at the corner of the rectangle. When you have placed the starting point turn, on Object Snap with the "Tangent" option enabled. Draw a line at a 65° angle until it snaps with the second circle. Start a second line at the top right corner of the rectangle. Enable "Nearest" in Object Snap option draw a line in a 130° angle, snapping to the first circle.

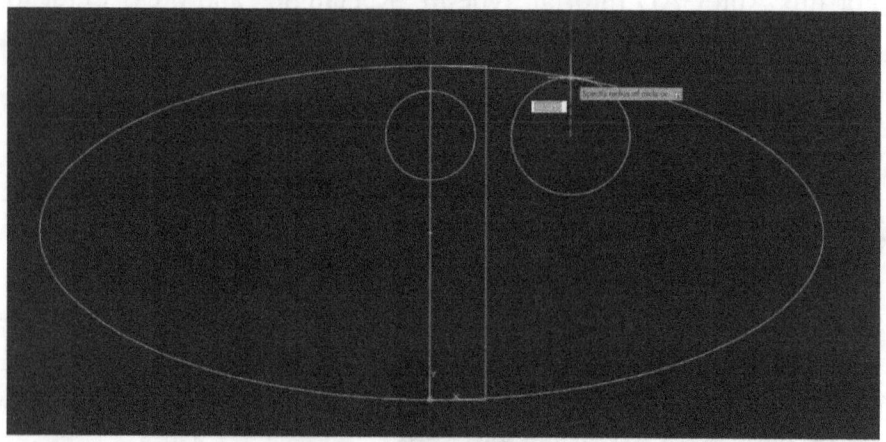

3.2.6 Drawing Polygon

Polygon will draw a polygon with a custom number of sides. The default number of sides is 4, but you can customize. A polygon can be inscribed or circumscribed. See tutorial below to draw polygon:

1. First, draw a circle
2. Specify the center of the circle to 25.25.
3. Specify the circle radius to 25.

```
Command: CIRCLE
Specify center point for circle or [3P/2P/Ttr (tan tan radius)]:
25,25
Specify radius of circle or [Diameter]: 25
```

4. A circle will be created with center = 25.25 and radius = 25. Create the circle to help you to distinguish between inner or outer polygon.

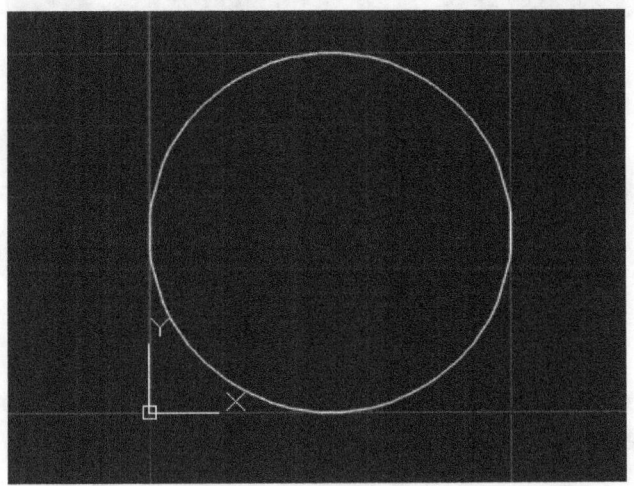

Pic 3.63 Circle created

5. Execute "polygon" command.

6. Enter the number of sides to 5.

```
Command: POLYGON
Enter number of sides <4>: 5
```

7. Specify the center of polygon to 25,25.

8. For first polygon, I choose the inscribed by typing I

```
Specify center of polygon or [Edge]: 25,25
Enter an option [Inscribed in circle/Circumscribed about circle] <I>: i
```

9. Specify the radius to 25.

```
Specify radius of circle: 25
```

10. You can see the polygon created, but inscribed in the circle.

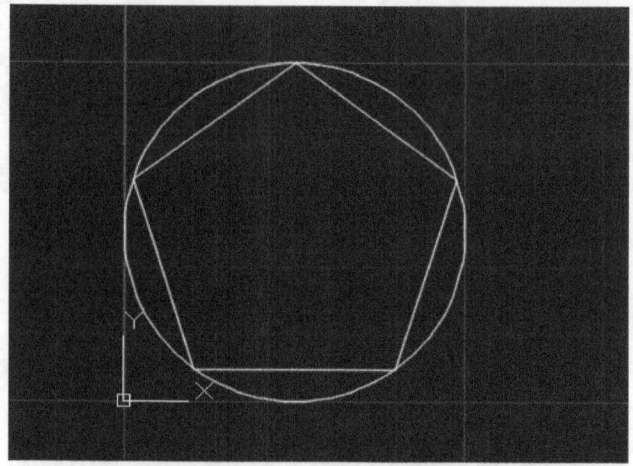

Pic 3.64 Polygon inserted inside the circle

If you want to create circumscribed polygon. Use steps below:

1. Type "polygon" in the command prompt
2. Specify the center of to 25.25.

```
Command: POLYGON
Enter number of sides <5>:
Specify center of polygon or [Edge]: 25,25
```

3. Type C to specify circumscribed.

```
Enter an option [Inscribed in circle/Circumscribed about circle]
<I>: C
```

4. Define radius of circle = 25.

```
Specify radius of circle: 25
```

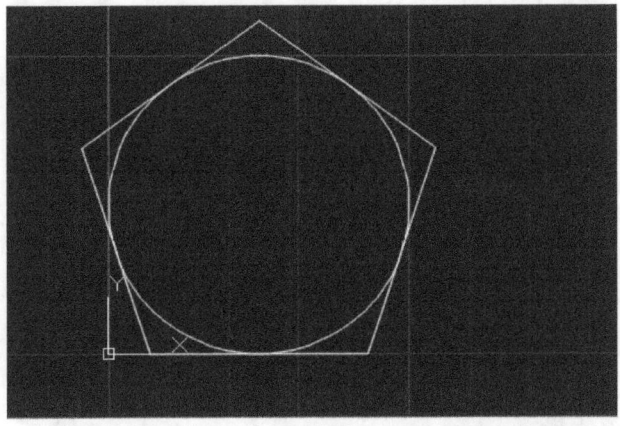

Pic 3.65 The circumscribed polygon inserted

5. You can compare the inscribed polygon yang di dalam atau di luar lingkaran seperti berikut ini:

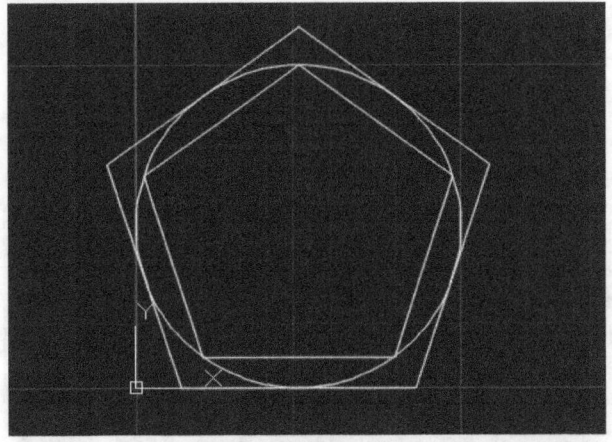

Pic 3.66 Polygons created

3.2.7 Drawing Ellipse

To draw ellipse, you have to define the long axis and short axis, see picture below for the details

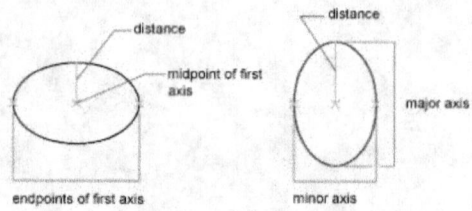

Pic 3.67 Ellipse drawing

Below are steps to create ellipse:

1. Type "ellipse" to create ellipse.
2. Specify axis' end point to 100,50.
3. Specify other endpoint of axis to 0,50.
4. Specify the distance to 20.

```
Command: ELLIPSE
Specify axis endpoint of ellipse or [The arc/Center]: 100,50
Specify other endpoint of axis: 0,50
Specify distance to other axis or [Rotation]: 20
```

5. The ellipse will be created.

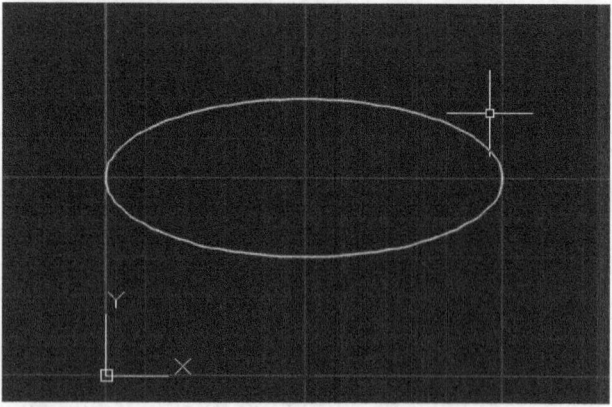

Pic 3.68 Ellipse created

You can create the arc from ellipse. See steps below:

1. Execute "ellipse" command.
2. Choose A to specify the arc.

```
Command: ELLIPSE
Specify axis endpoint of ellipse or [The arc/Center]: A
```

3. Specify axis' end point to 100,0.

4. Specify axis' other end point to 0,0.

```
Specify axis endpoint of elliptical the arc or [Center]: 100,0
Specify other endpoint of axis: 0,0
```

5. Specify distance to other axis = 30 to create the ellipse.

```
Specify distance to other axis or [Rotation]: 30
```

6. Specify start angle to 50 and end angle to 10.

```
Specify start angle or [Parameter]: 50
Specify end angle or [Parameter/Included angle]: 10
```

7. Ellipse the arc will be created.

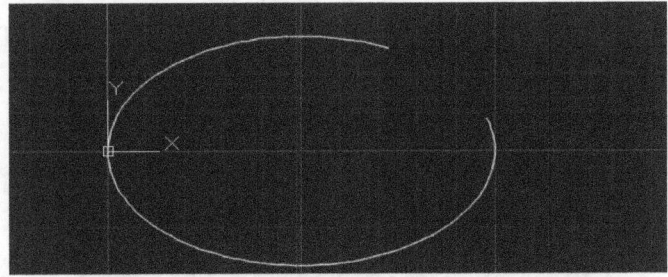

Pic 3.69 Ellipse the arc created

You can also create rotated ellipse, see steps below:

1. Type "ellipse" in command line.

2. Specify ellipse's end point to 100,0.

3. Specify ellipse's other end point to 0,50.

```
Command: ELLIPSE
Specify axis endpoint of ellipse or [The arc/Center]: 100,0
Specify other endpoint of axis: 0,50
```

4. Specify distance to 45.

```
Specify distance to other axis or [Rotation]: 45
```

5. Specify rotation to 45.

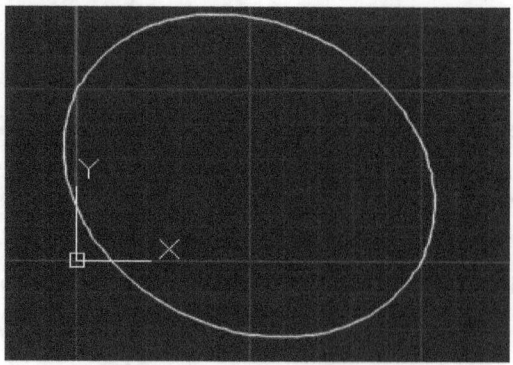

Pic 3.70 Rotated the arc created

3.2.8 Drawing Hatch

Certain area can be hatched, you can also define the hatch type, see example below for drawing hatch:

1. Create two objects. One circle and one polygon with number of sides = 5.

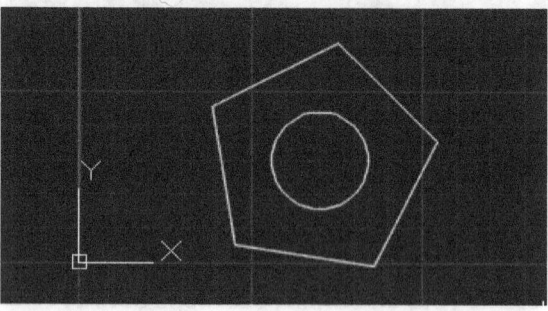

Pic 3.71 Creating two objects, circle and polygon

2. Select both objects by your mouse.

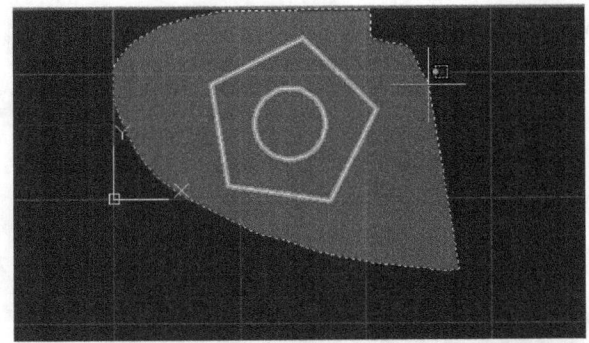

Pic 3.72 Selecting objects

3. Both objects selected, see following pic:

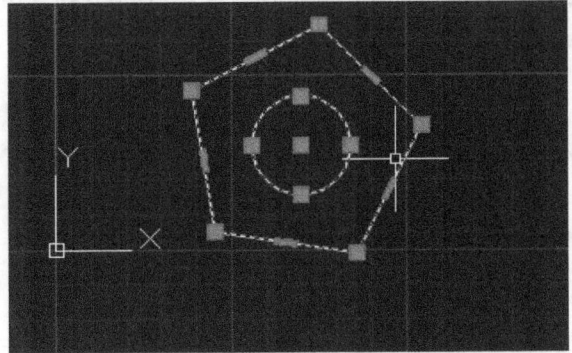

Pic 3.73 Both objects selected

4. Right click until the context menu appears, and select Group > Group.

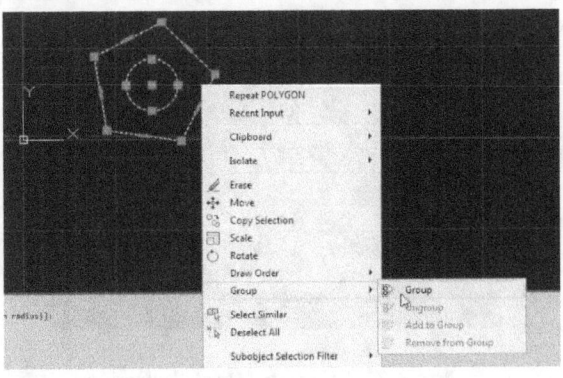

Pic 3.74 Choosing Group > Group menu

5. Objects will be grouped, then choose the object.

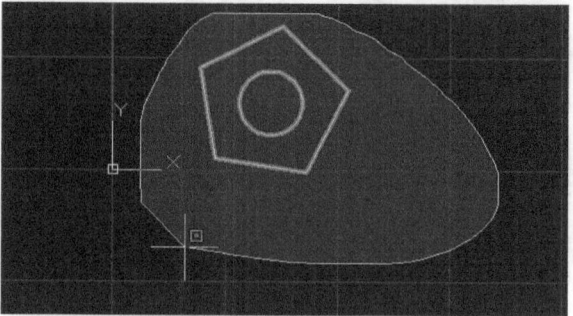

Pic 3.75 Select the grouped object

6. After selected, you can see the objects become one entity (because it's already grouped using Group > Group menu).

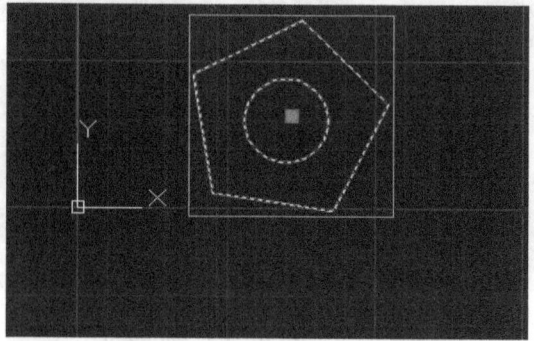

Pic 3.76 Grouped object

7. To hatch area between circle and polygon, click **Hatch** in Home > Draw box.

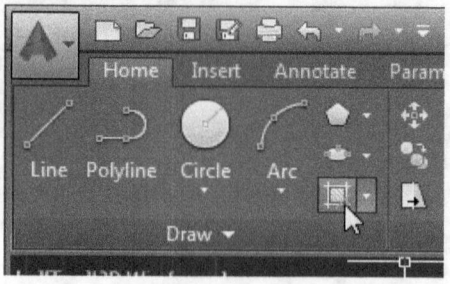

Pic 3.77 Click on Hatch button

8. In Pattern box, click on the arrow button to display more patterns.

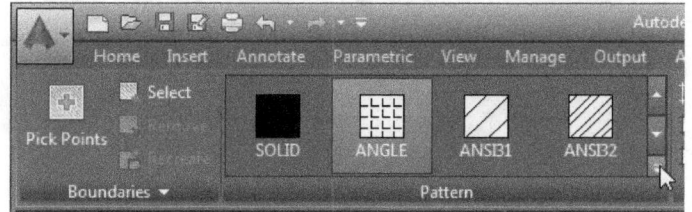

Pic 3.78 Click on arrow to display more patterns

9. You can see list of hatch's pattern.

Pic 3.79 Hatch patterns

10. After selecting the pattern, click on the area.

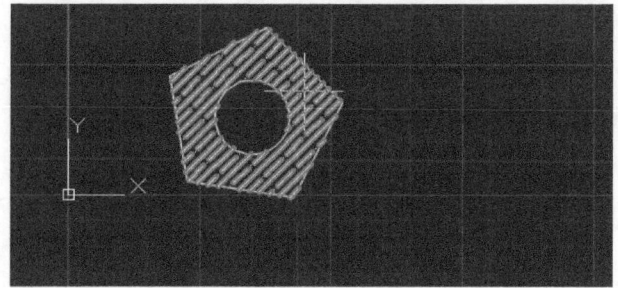

Pic 3.80 Click on the area to be hatched

11. The hatch will be created:

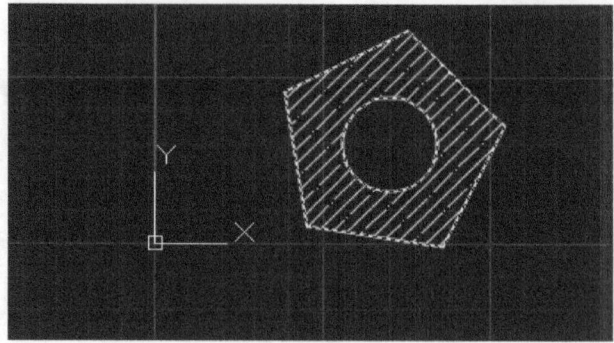

Pic 3.81 Hatched area

3.2.9 Drawing Spline

Spline command is used to create curvy line. You can use Fit method or CV method. See tutorial below:

1. Run "spline" command in AutoCAD.

```
Command: SPLINE
Current settings: Method=Fit    Knots=Chord
```

2. Specify the first point to 0,0 and the next point to 25,25.

```
Specify the first point or [Method/Knots/Object]: 0,0
Enter next point or [start Tangency/toLerance]: 25,25
```

3. Specify next point to 50,0 and 75,25

```
Enter next point or [end Tangency/toLerance/Undo]: 50,0
Enter next point or [end Tangency/toLerance/Undo/Close]: 75,25
```

4. Specify next point to 100,0 and 50,-50. Then click C on your keyboard to close spline.

```
Enter next point or [end Tangency/toLerance/Undo/Close]: 100,0
Enter next point or [end Tangency/toLerance/Undo/Close]: 50,-50
Enter next point or [end Tangency/toLerance/Undo/Close]: C
```

5. See following picture to see the spline result:

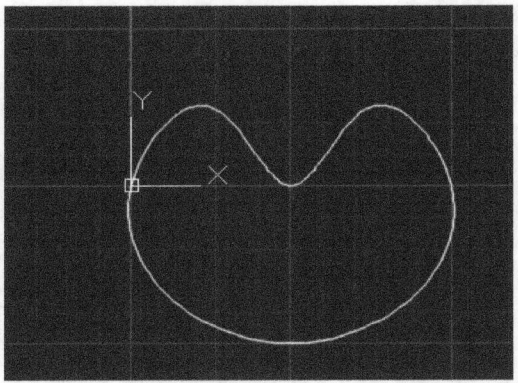

Pic 3.82 Spline result

Spline can also use CV method. See steps below:

1. Enter "spline" command and click "m" on your keyboard to specify Method.

```
Command: SPLINE
Specify the first point or [Method/Degree/Object]: m
```

2. Insert cv to choose cv method for spline creation.

```
Enter spline creation method [Fit/CV] <CV>: cv
Current settings: Method=CV    Degree=3
```

3. Specify the first point to 0,0 and the next point to 25,25.

```
Specify the first point or [Method/Degree/Object]: 0,0
Enter next point: 25,25
```

4. Specify next point to 50,0 and 75,25.

```
Enter next point or [Undo]: 50,0
Enter next point or [Close/Undo]: 75,25
```

5. Insert next point 100,0 and click C butotn on your keyboard to close the spline.

```
Enter next point or [Close/Undo]: 100,0
Enter next point or [Close/Undo]: C
```

6. See following pic for the result.

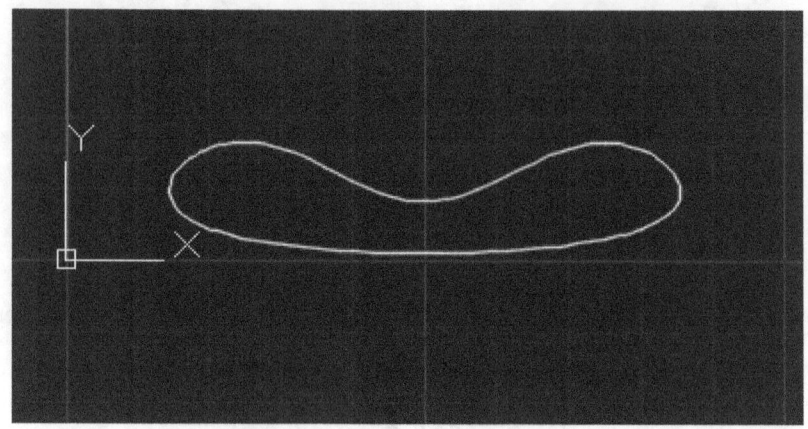

Pic 3.83 Spline result created with cv method

✓ *Exercise Drawing with The Spline Command*

Continue our previous exercise in 3.2.5, create a Spline starting at the center point. With the Spline tool, you can create a continuous curved sine connecting points. First, you enter the distance, followed by the angle. If you made a mistake type in "U" and press Enter to undo the last step. Enter the following polar coordinates: 20/30°, 5/300°, 5/55°, 10/30°, 5/320°. End with a 230° Angle on the Ellipse. Now type in a "T" to End Tangency and type in 190° for the angle and press Enter.

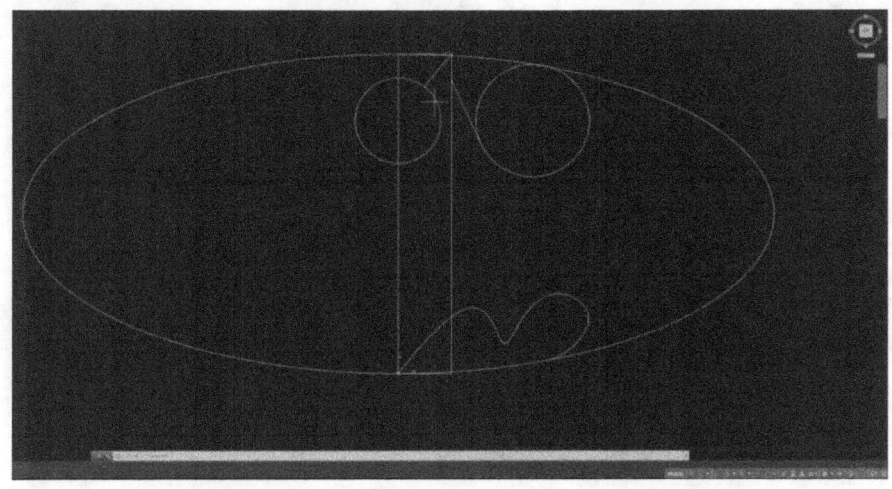

3.2.10 Drawing XLINE

Xline is infinite line, commonly used in construction drawing. Xline command enables you to create infinite line just by specifying two points.

See tutorial below to draw XLINE:

1. Execute "xline" command.

2. Specify the first point to 50,0.

3. Specify second point to 50,10.

```
Command: XLINE
Specify a point or [Hor/Ver/Ang/Bisect/Offset]: 50,0
Specify through point: 50,10
```

4. An infinite vertical line that passes two points specified will be created.

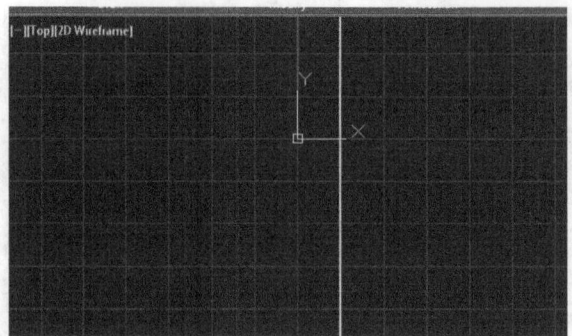

Pic 3.84 Infinite vertical line created with xline

5. To create infinite horizontal line, type "xline".
6. Set the first point to 50,50 and the second point to 100,50.

```
Command: XLINE
Specify a point or [Hor/Ver/Ang/Bisect/Offset]: 50,50
Specify through point: 100,50
```

7. A horizontal xline will be created that passes the two points.

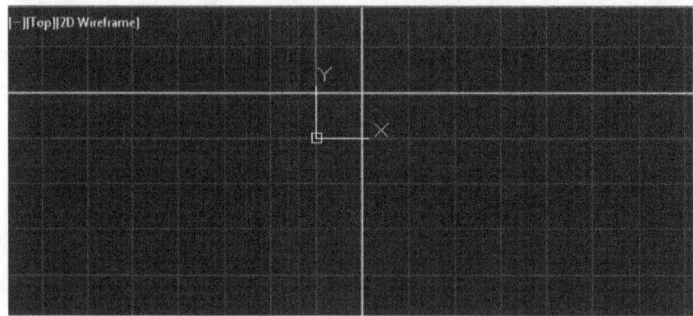

Pic 3.85 Horizontal xline created

8. To create xline with specified angle, first execute "xline".
9. Choose "a" for Angle by clicking "A" button on your keyboard.
10. Set angle to 30 degrees.
11. Specify point to 50,50.

```
Command: XLINE
Specify a point or [Hor/Ver/Ang/Bisect/Offset]: a
Enter angle of xline (0) or [Reference]:   30
Specify through point: 50,50
```

12. See following pic for the result.

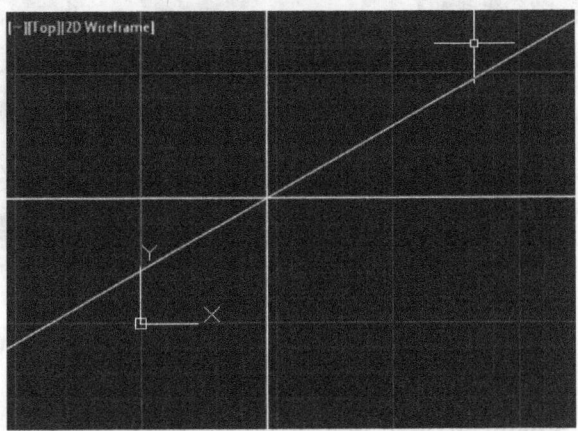

Pic 3.86 Xline with angle

3.2.11 Drawing RAY

Ray similar with xline, but ray have start point. See tutorial below for creating ray line:

1. Type "ray" for Ray line.

2. Specify start point to 50,50.

3. Specify the through point to 75,75 and 100,50 and 100,25.

```
Command: _ray Specify start point: 50,50
Specify through point: 75,75
Specify through point: 100,50
Specify through point: 100,25
```

4. The result will be as below:

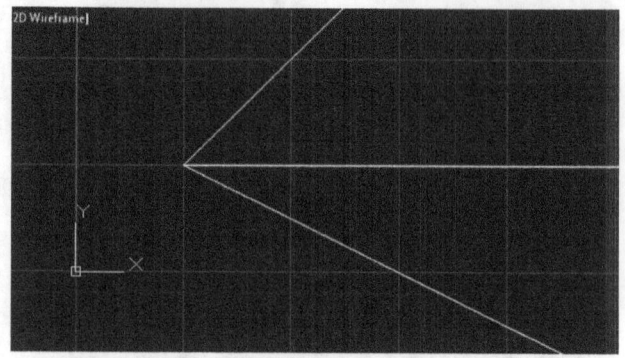

Pic 3.87 Creating line with Ray command

3.2.12 Divide

DIVIDE command divides line or object to some segments. This is suitable for creating dimension's annotation. See tutorial below for the detail:

1. For example there is a line I want to divide into segments.

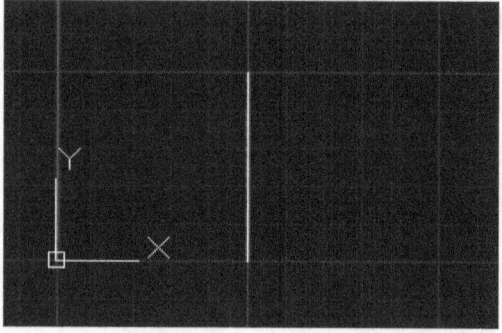

Pic 3.88 A line to divide

2. Type "divide" or click Divide button in **Home > Draw**.

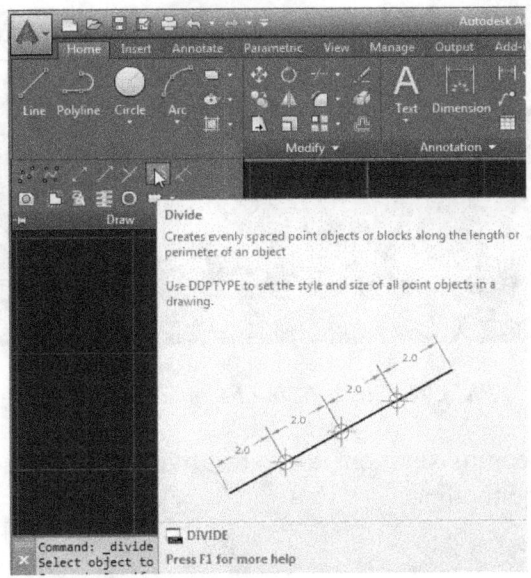

Pic 3.89 Click Divide button

3. Select this line.

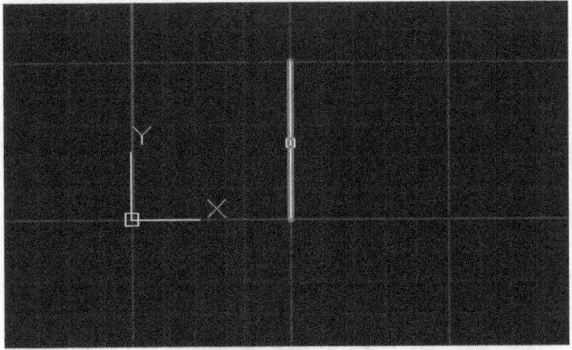

Pic 3.90 Click on the line

4. Select the line you want to divide, selected line will become dotted line.

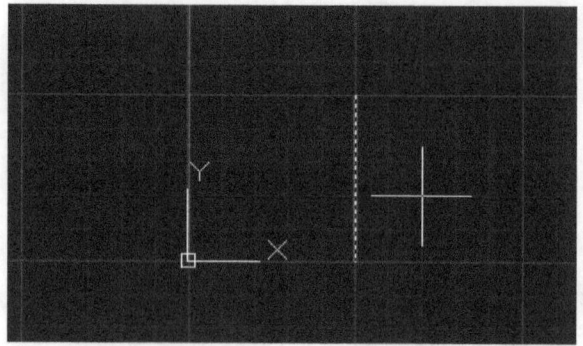

Pic 3.91 Selected Line become dotted line

5. Enter number of segment to 5, this will create 5 segments or 4 points inside the line.

```
Command: _divide
Select object to divide:
Enter the number of segments or [Block]: 5
```

6. If the line moved, you can see 4 points, the points were created by "divide" command.

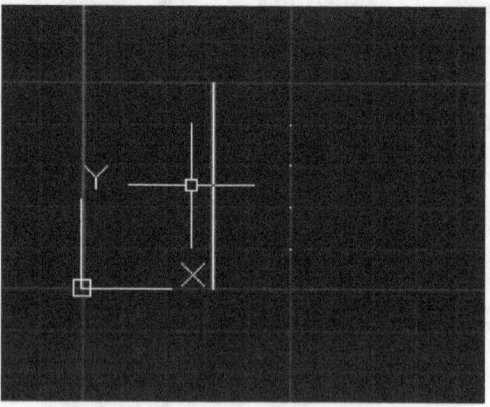

Pic 3.92 Four points that divide line to 5 segments already created

3.2.13 Drawing Helix

Helix command creates helix object. You just have to specify the lower diameter, upper diameter and the height. See example below:

1. Type "helix" in the command prompt.

```
Command: HELIX
Number of turns = 3.0000    Twist=CCW
```

2. Specify center point of the base to 50,50. Then specify base's radius to 30 and top's radius to 30. In this example, I use same radius for top and base.

3. Specify the height to 50.

```
Specify center point of base: 50,50
Specify base radius or [Diameter] <22.3607>: 30
Specify top radius or [Diameter] <30.0000>: 30
Specify helix height or [Axis endpoint/Turns/turn Height/tWist]
<50.9902>: 50
```

4. The helix will be created.

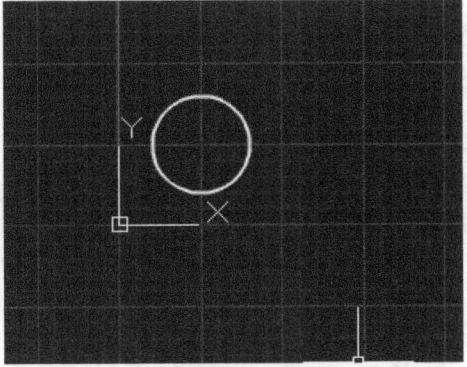

Pic 3.93 Helix created

5. What you see is circle because helix is 3d object, and you only see from the top. To view from side, change the WCS navigator.

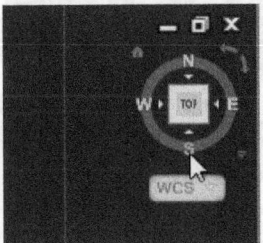

Pic 3.94 Changing the WCS navigator

6. Change the view to front.

Pic 3.95 Changing WCS view to front

7. See following pic for the helix seen from side view.

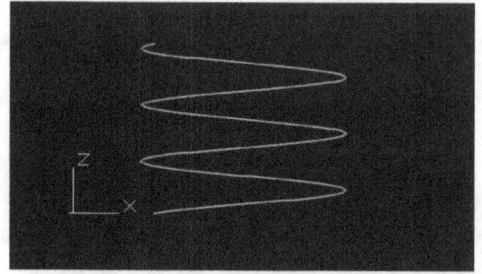

Pic 3.96 Helix seen in side view

8. Back again to TOP view.

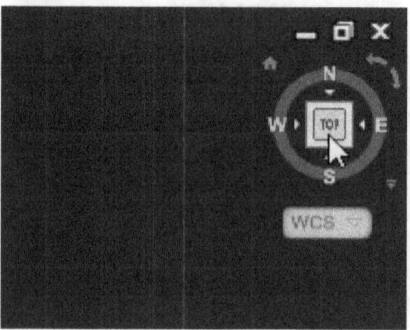

Pic 3.97 Returning to TOP view

9. The helix will be circle again, because the base radius = top radius.

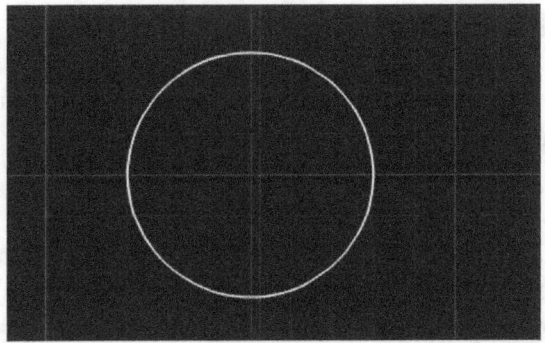

Pic 3.98 Helix seen from above

3.2.14 Drawing Donut

Donut command used to create object similar to donut, that is a circle with inside diameter, and outside diameter. See following example:

1. Type "donut" command.
2. Set inside diameter to 50 and outside diameter to 70.

```
Command: DONUT
Specify inside diameter of donut <50.0000>: 50
Specify outside diameter of donut <70.0000>: 70
```

3. Specify center coordinate to 50,50.

```
Specify center of donut or <exit>: 50,50
```

4. See the result in the following pic.

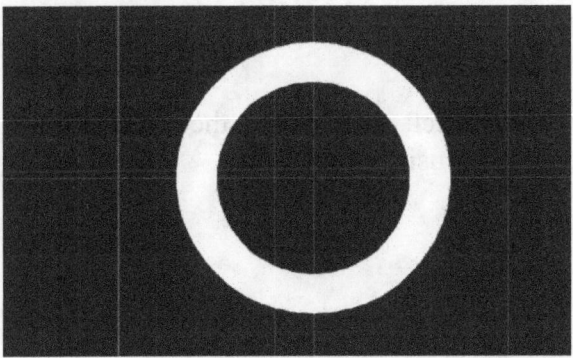

Pic 3.99 Donut created

3.3 Modify 2D Drawing

The 2D Drawing already created, can be modified again. AutoCAD has lots of functions to accommodate modification.

3.3.1 Move

Move command used to move existing object to other place. It's common to use relative coordinate or polar coordinate to move the object. See example below:

1. For example, I have object like this.

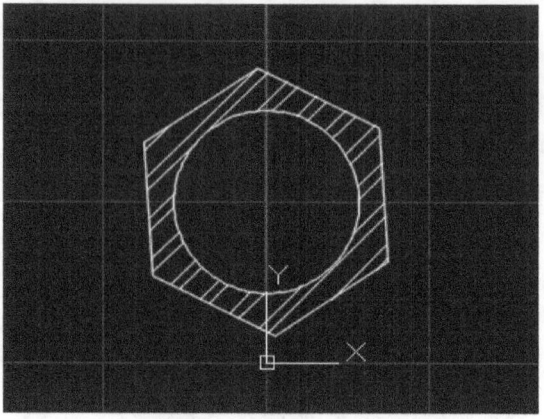

Pic 3.200 Object that will be moved

2. Type "move", then choose object you want to move.

```
Command: MOVE
Select objects: 3 found, 1 group
Select objects: click object
```

3. Click on the object, and select the base point by inserting coordinate or click using your mouse.

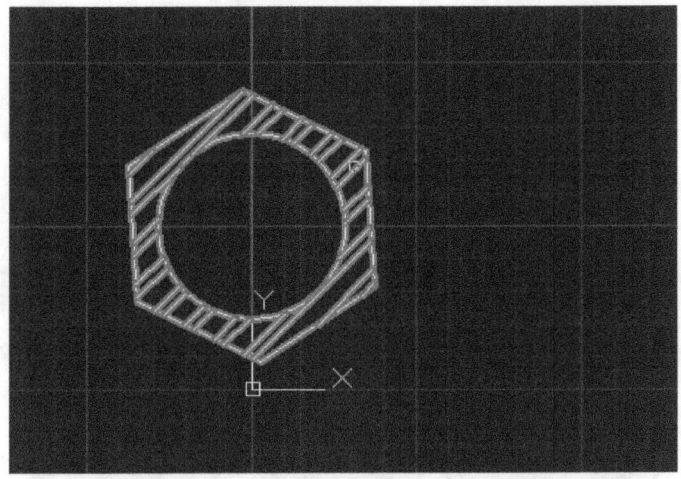

Pic 3.201 Click on object

4. Specify the base point.

```
Specify base point or [Displacement] <Displacement>: click
```

5. For example, I use center of my circle as base point.

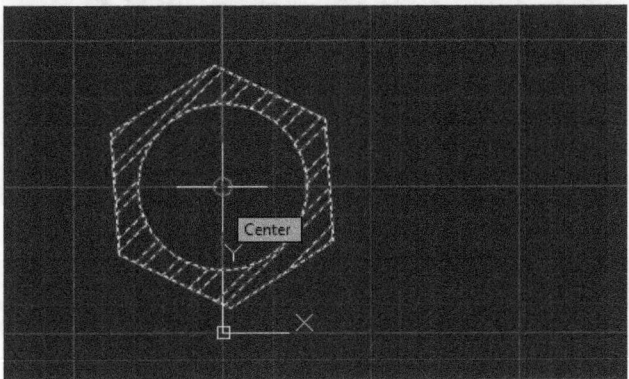

Pic 3.202 Click on object's center

6. Specify second point where you want the the base coordinate to be moved into.

```
Specify second point or <use the first point as displacement>:
```

7. When you want to click, you can see the preview of the object.

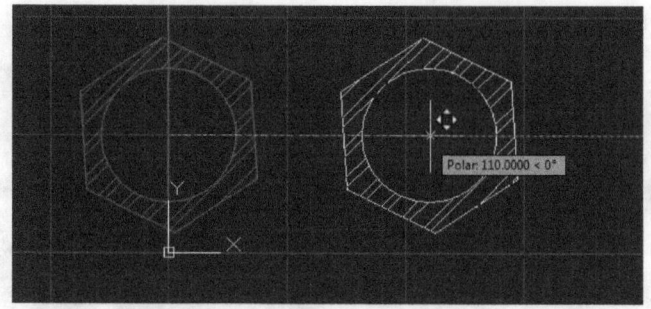

Pic 3.203 Initial and final position

8. Click Enter, the object will have new position.

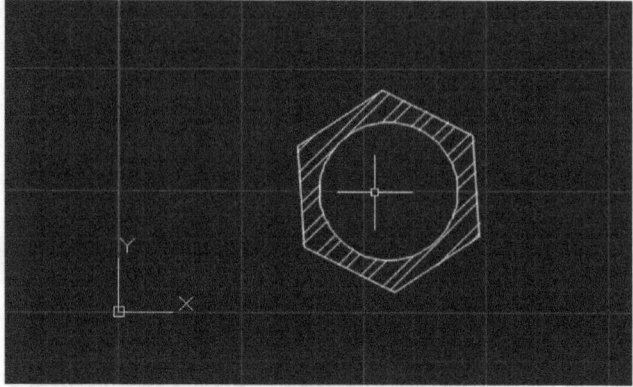

Pic 3.204 New object's position

3.3.2 Rotate

Rotate command rotates object based on base point and degrees of rotation. See example below:

1. For example, I have object on following pic:

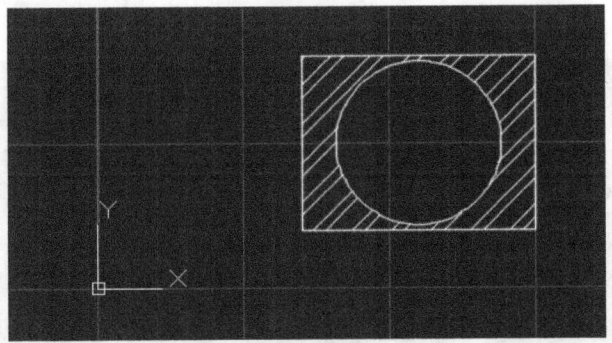

Pic 3.205 Object to rotate

2. Type rotate, then select object you want to rotate.

```
Command: ROTATE
Current positive angle in UCS:  ANGDIR=counterclockwise  ANGBASE=0
Select objects: 3 found, 1 group
Select objects: [click on object]
```

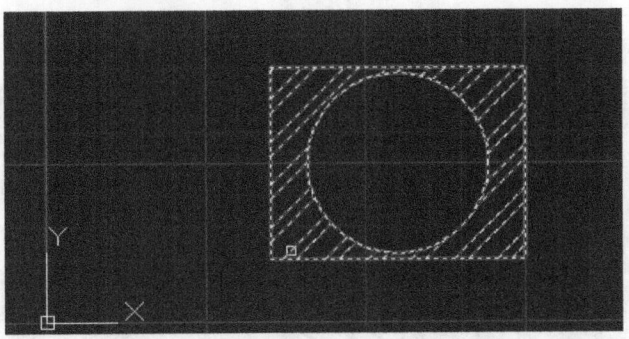

Pic 3.206 Selecting the object

3. Specify the base point for rotation.

```
Specify base point: [click on base point]
```

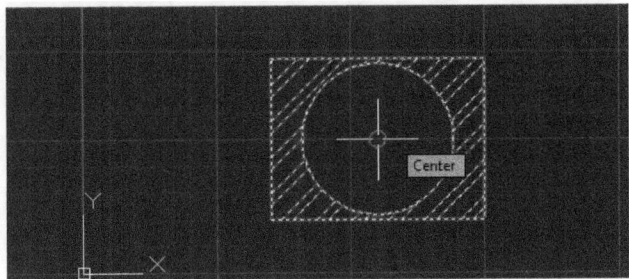

Pic 3.207 Specify the base point

4. If already clicked, rotation icon appears.

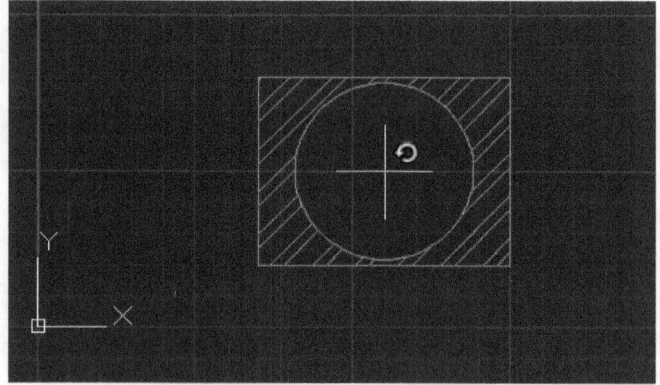

Pic 3.208 Rotation icon appears

5. Set the rotation degrees to -45.

```
Specify rotation angle or [Copy/Reference] <0>: -45
```

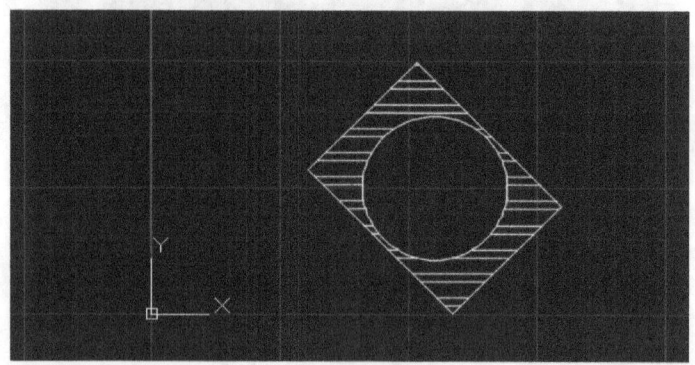

Pic 3.209 Object after rotated to -45 using the center of circle as base point

6. You can also rotate to 90 degrees:

```
Command: ROTATE
Current positive angle in UCS:  ANGDIR=counterclockwise  ANGBASE=0
Window Lasso  Press Spacebar to cycle options3 found, 1 group
Select objects:
Specify base point:
Specify rotation angle or [Copy/Reference] <45>: 90
```

7. The object will be rotated by 90 degrees.

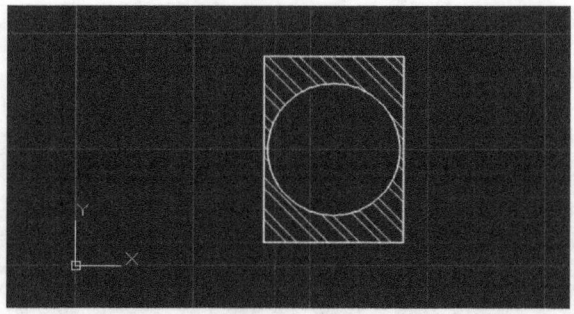

Pic 3.210 Object 90 degrees rotated

3.3.3 Trim

Trim command trims certain part of objects. See steps below to see the example of TRIM function:

1. For example there is three circle objects.

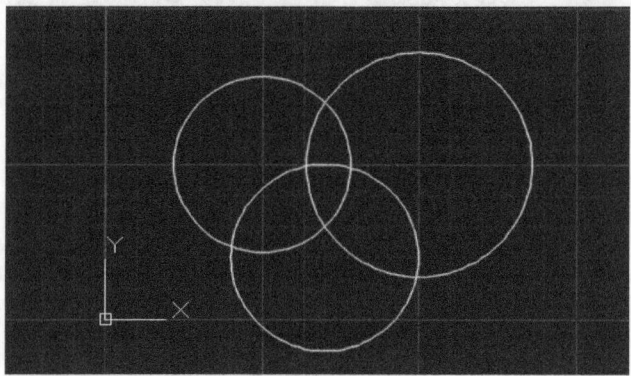

Pic 3.211 Three circle objects

2. You'll trim the inside part of the intersection. Type "trim first".
3. Select all objects.

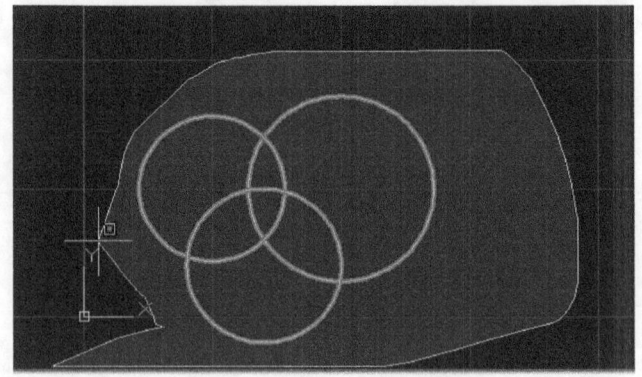

Pic 3.212 Select all objects

4. Selected objects will becoming dotted line.

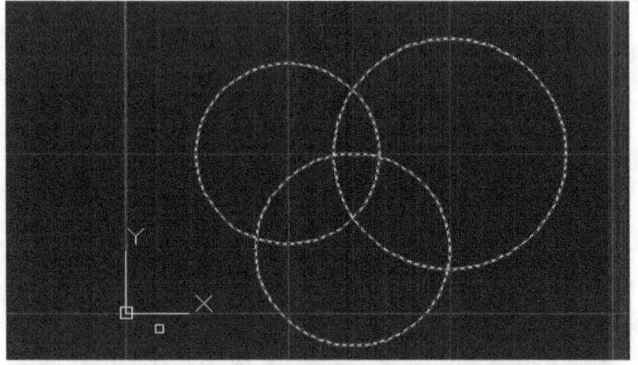

Pic 3.213 Selected objects in dotted line

5. Click on the segments you want to trim.

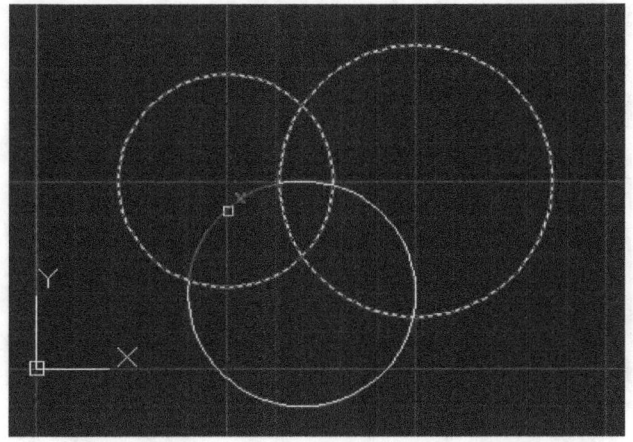

Pic 3.214 Click on segments you want to trim

6. The segment you click will disappear/trimmed. If ERASE erase all of the object, trim will erase selected segment of object.

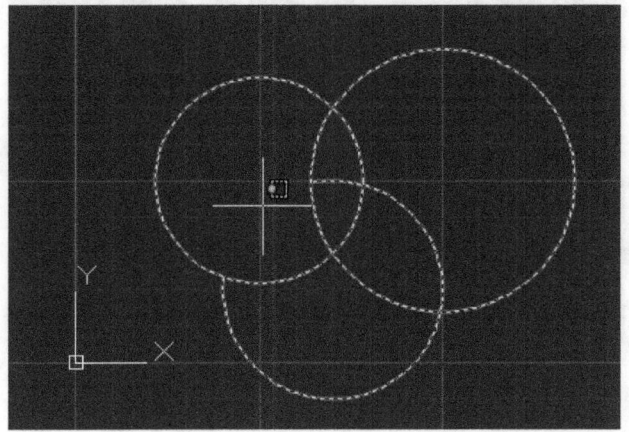

Pic 3.215 Trimmed segment disappears

7. You can click other segment to trim.

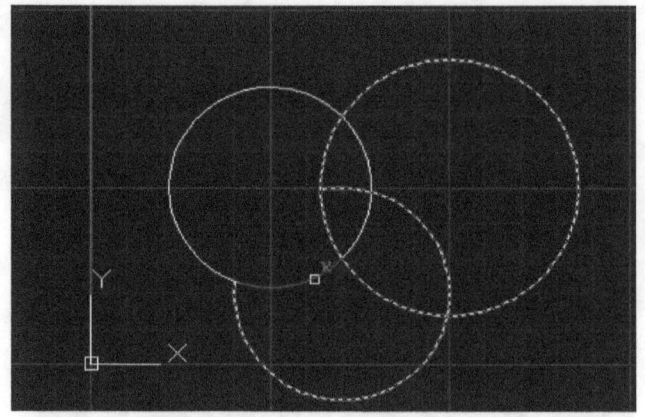

Pic 3.216 Clicking other segment to trim

8. The other segment will diasppear too.

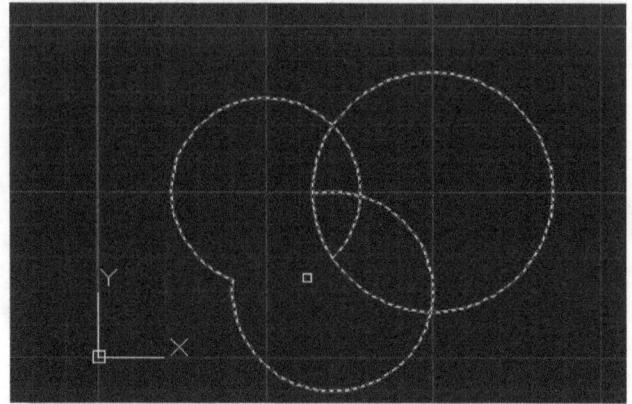

Pic 3.217 Second segment disappears

9. You can click other segment to trim it.

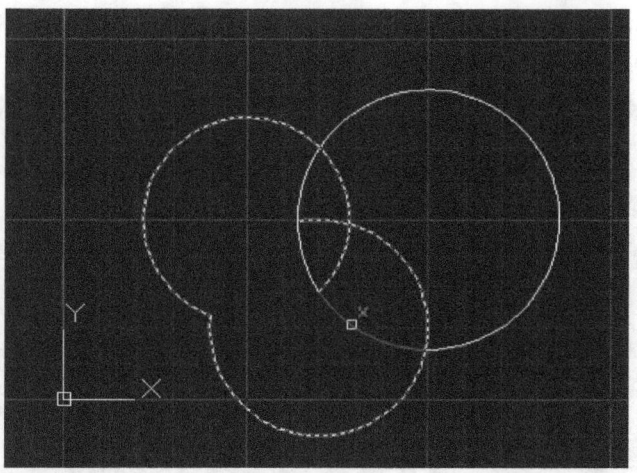

Pic 3.218 Selecting the segment

10. Final result will be as below:

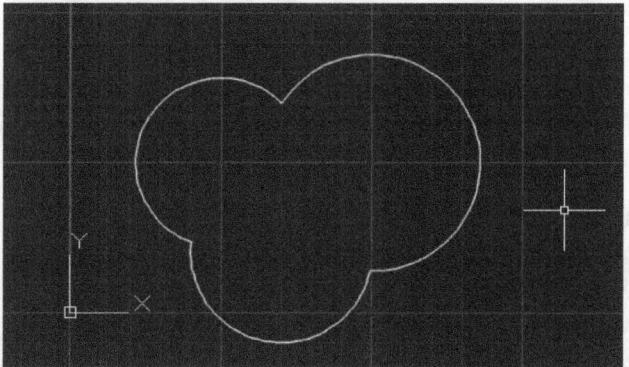

Pic 3.219 Result of trim process

✓ **_Exercise Drawing with The Trim Command_**

The Trim command allows you to remove additional lines up to an intersection point. You can also switch to Erase within the Trim command by typing R. This removes lines that do not intersect. This removes lines that do not intersect, such as the Delete command. Start the Trim command and press Enter to select the entire sketch for trimming. Trim the overhanging lines as shown in the image. If you have accidentally removed a line, type "U" to undo it. Also take a close look at any lines stuck between the small edges. These will most likely cause problems in the extrusion process that turns your sketch into 3D. Press Enter to confirm when you are done.

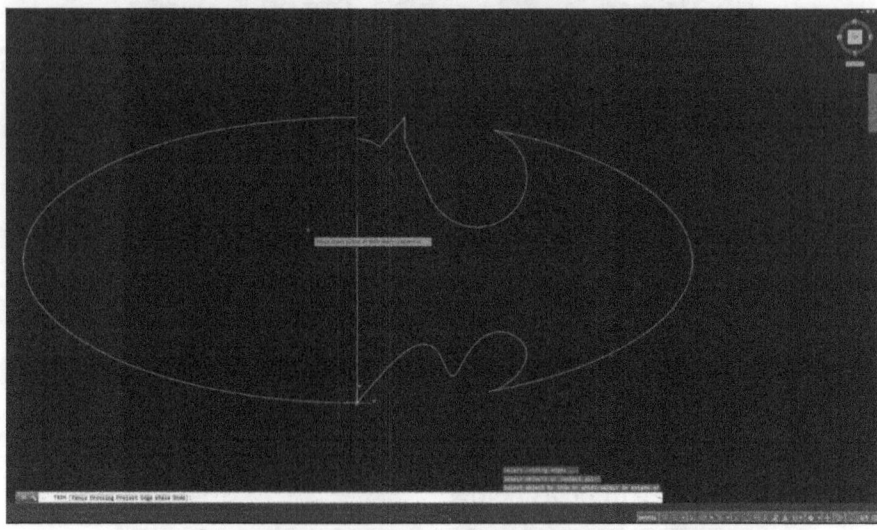

Next, mark the line in the middle and the free ellipse on the left and delete it. Finally, select the small ellipse line in the upper triangle and delete it as well.

After trimming and erasing you should get this.

3.3.4 Extend

Extend command extends line or the arc to certain object. See example below for more advanced:

1. For example, there are one the arc and one line. The arc is going to be extended to the line.

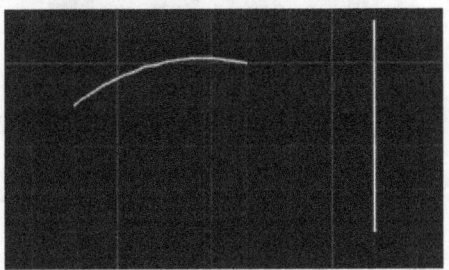

Pic 3.220 An arc and a line

2. Type "extend" command.
3. Select all objects.

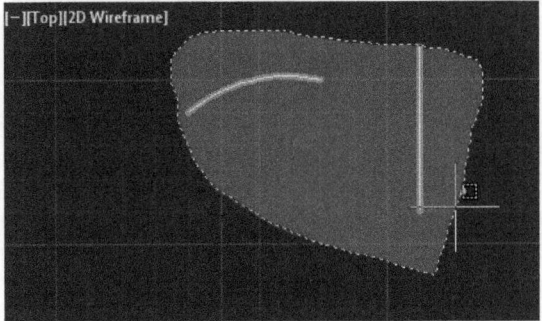

Pic 3.221 Selecting all objects

4. Both objects becoming dotted line.

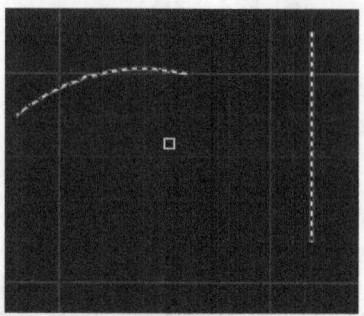

Pic 3.222 Selected objects becoming dotted line

5. Click on object you want to extend, the object become extended.

```
Select object to extend or shift-select to trim or
[Fence/Crossing/Project/Edge/Undo]:
```

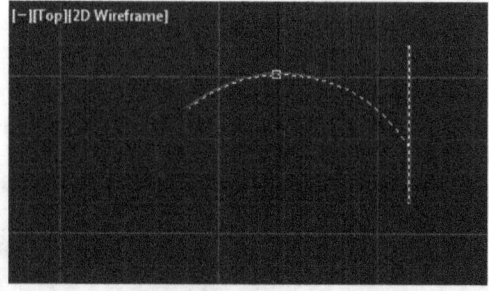

Pic 3.223 Object extended

6. See following pic for the result.

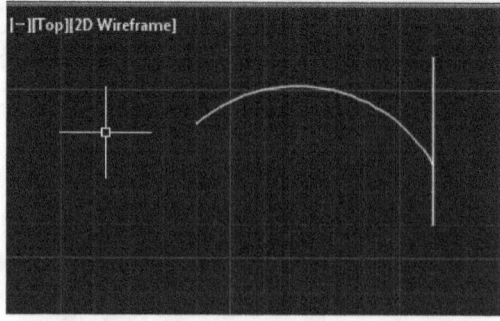

Pic 3.224 The arc has been extended

3.3.5 Erase

Erase command erases selected object. Erase will erase all part of selected object, not only the segments. Here's how to use erase object:

1. From picture below, the hatch will be erased.

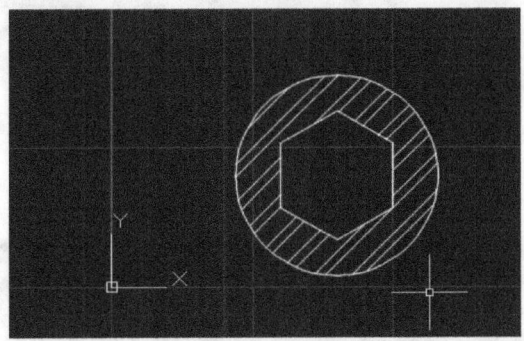

Pic 3.225 The hatch erased

2. Type "erase" in document.
3. Pointer icon will be changed to erase mode.

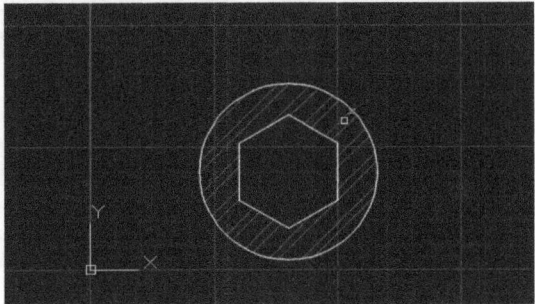

Pic 3.226 Pointer ready to erase

4. Click on the hatch to erase and click **Enter**.

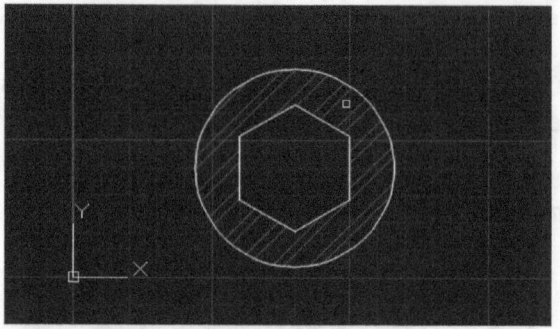

Pic 3.227 Click on the hatch

5. The hatch will be erased.

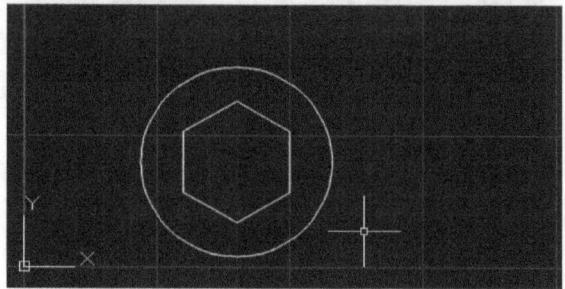

Pic 3.228 Object after the hatch erased

3.3.6 Copy

Copy command copies object, where the copied object still exist. See example below:

1. Type "Copy".
2. Choose the object to copy.

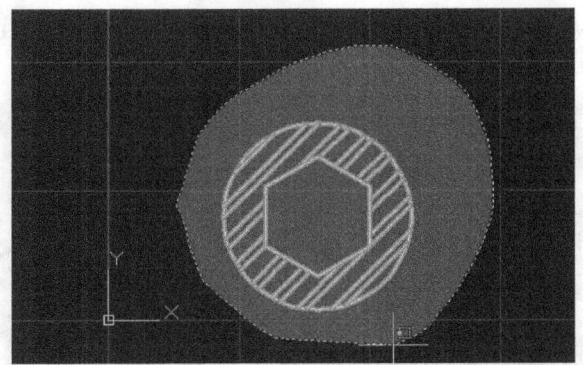

Pic 3.229 Selecting object to copy

3. Select base point.

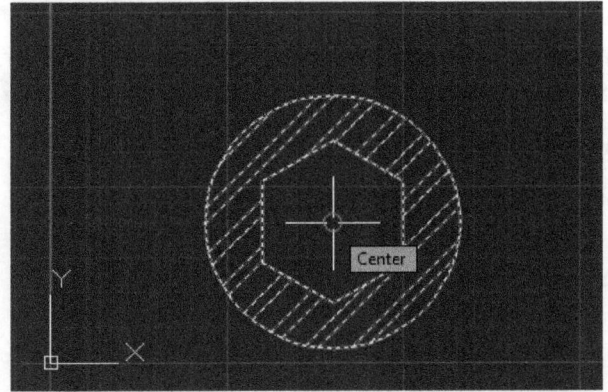

Pic 3.230 Selecting base point

4. Show the new position, you can use polar or relative coordinate.

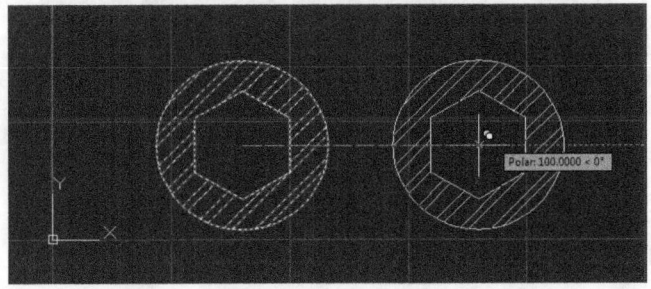

Pic 3.231 Specifying the new position

5. The copying result will be displayed in AutoCAD. And the initial object still exists.

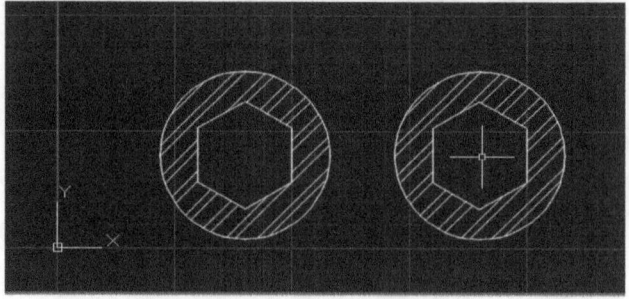

Pic 3.232 Copying result

3.3.7 Mirror

Mirror command mirrors object using a line as the mirror. See steps below for mirror command example:

1. Type "mirror' command.
2. Select object you want to mirror.

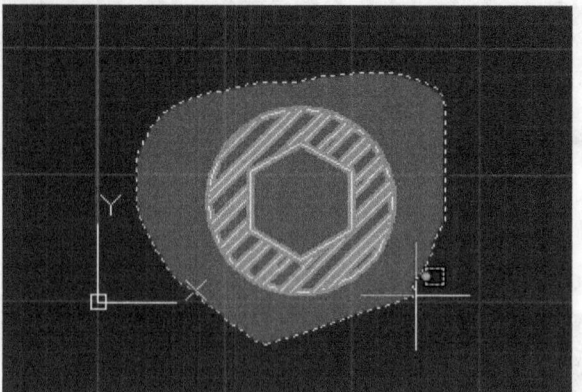

Pic 3.233 Selecting object

3. Selected object will become dotted line.
4. Specify the first line to make the mirror.

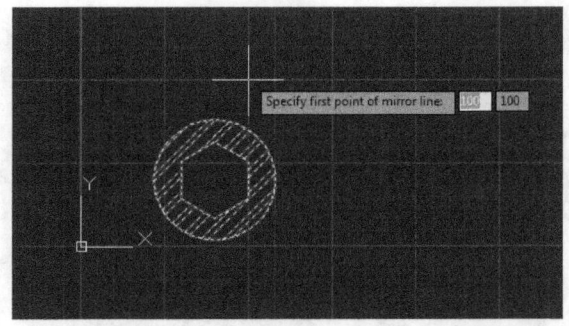

Pic 3.234 First line for the mirror

5. Specify the second line for the mirror.

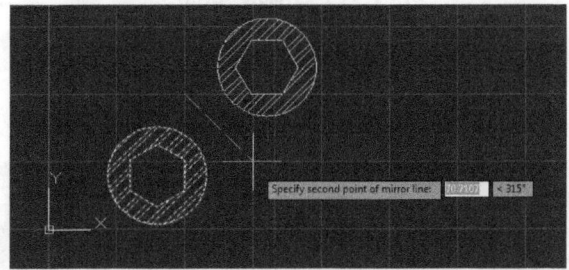

Pic 3.235 Specify the second line for the mirror

6. The object will be mirrored, and you'll be asked whether you want to initial object or not?

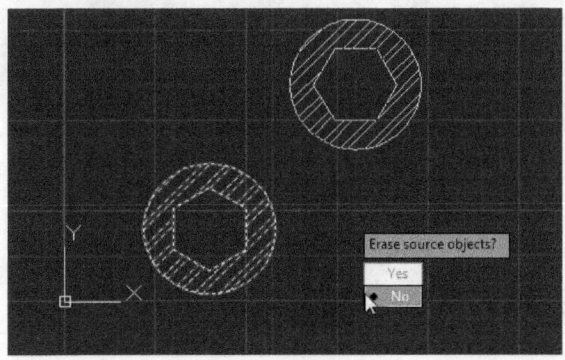

Pic 3.236 Option to erase initial object or not

7. You can see the initial object and mirrored object on the drawing area.

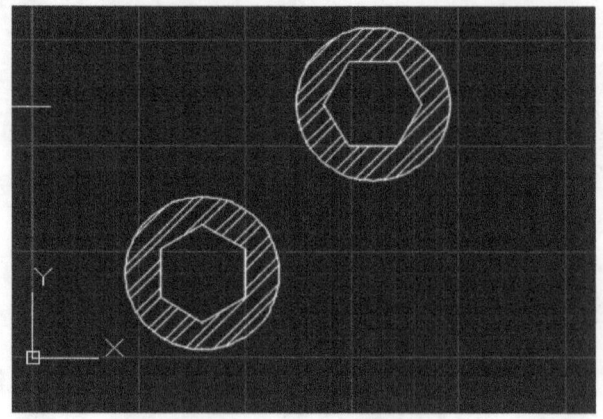

Pic 3.237 Mirroring area

3.3.8 Fillet

The fillet can be made from two line, see example below:

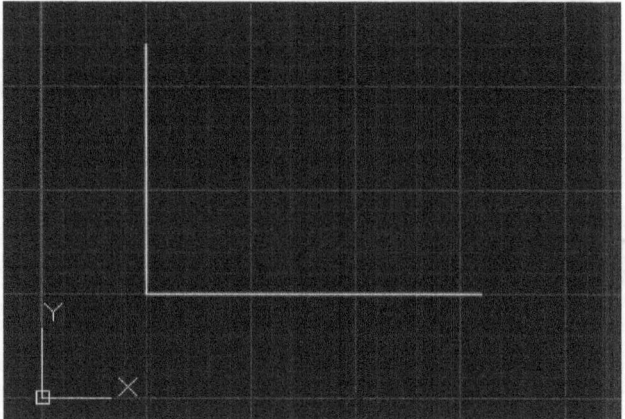

Pic 3.238 Line to be filleted

See example below on how to create fillet:

1. Run "fillet" command.

```
Command: FILLET
Current settings: Mode = TRIM, Radius = 0.0000
```

2. Click R and set fillet radius to 40.

```
Select first object or [Undo/Polyline/Radius/Trim/Multiple]: R
Specify fillet radius <40.0000>: 40
```

3. Click on the first line.

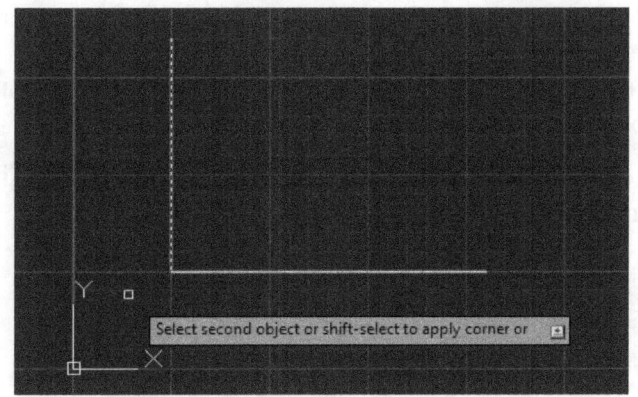

Pic 3.239 Click on the first line

4. Click on the second line.

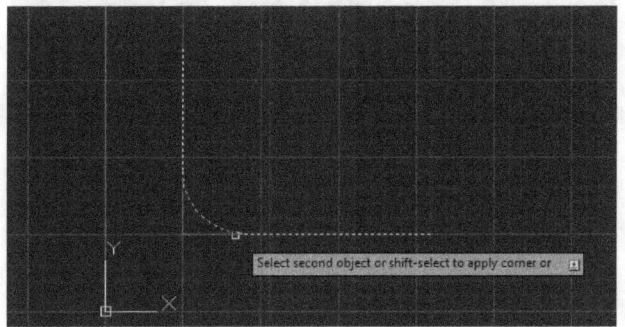

Pic 3.240 Second fillet

5. After you click the second line, fillet created automatically.

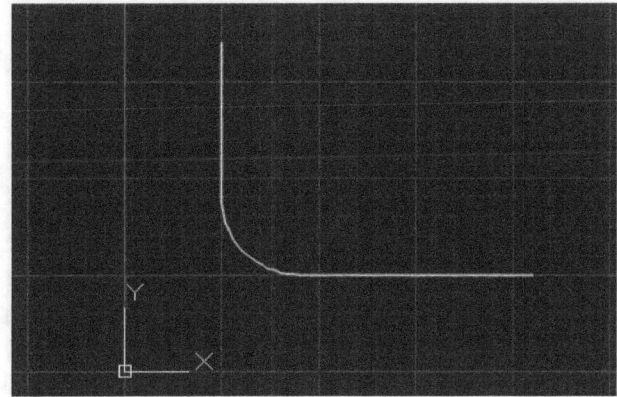

Pic 3.241 Fillet result

3.3.9 Chamfer

Chamfer similar to fillet, but chamfer is not an the arc, it's a line. See example below to create chamfer:

1. Execute "chamfer" command, click D to specify the distance of the chamfer.

```
Command: _chamfer
(TRIM mode) Current chamfer Dist1 = 0.0000, Dist2 = 0.0000
Select first line or
[Undo/Polyline/Distance/Angle/Trim/mEthod/Multiple]: D
```

2. Set first distance to 40, and second distance to 40.

```
Specify first chamfer distance <0.0000>: 40
Specify second chamfer distance <40.0000>: 40
```

3. Click on the first line.

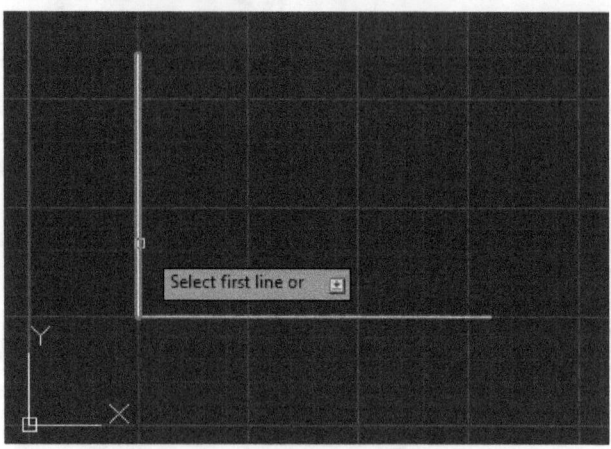

Pic 3.242 Click on the first line

4. Click on the second line.

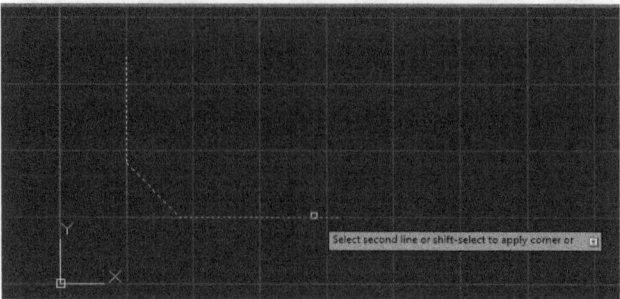

Pic 3.243 Click on the second line

5. See picture below for the chamfer result.

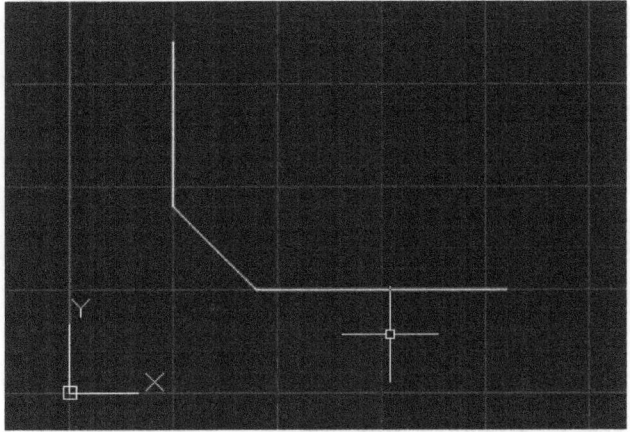

Pic 3.244 Chamfer result

3.3.10 Explode

Explode command explodes polyline or region to segments. See steps below:

1. There's a polyline:

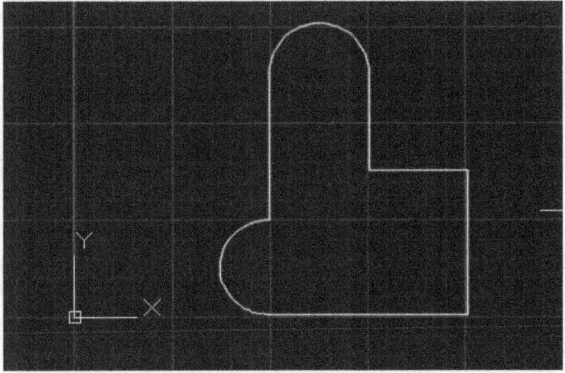

Pic 3.245 Polyline

2. If you choose a polyline, all segments will become a dotted line, this is because it's one object.

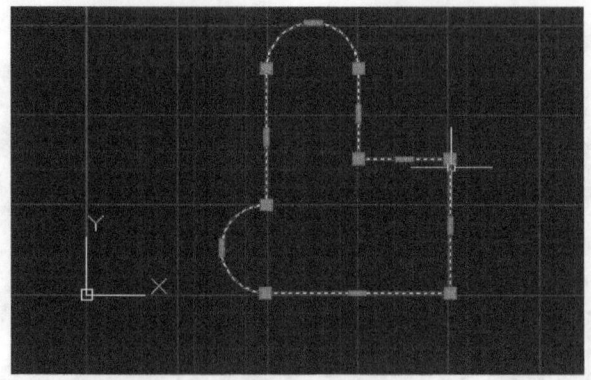

Pic 3.246 All segments of polyline become dotted line

3. Now execute "explode" function.
4. Select the polyline object.

Pic 3.247 Polyline selection

5. Click Enter, the object will be exploded. If you click on the object, a segment will be selected. This means the object already segmented/exploded.

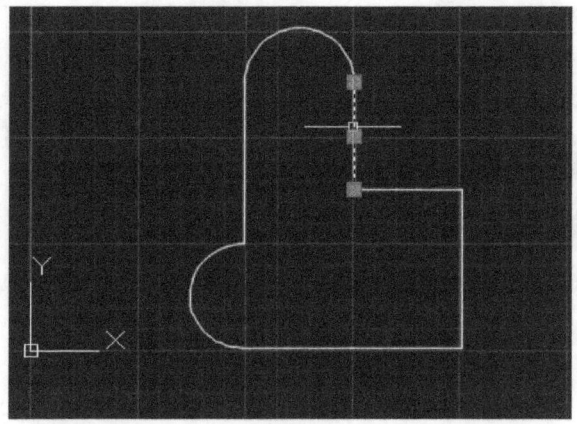

Pic 3.248 The object after segmentation

6. If you want to choose more than one segment, you have to click those segments, one by one.

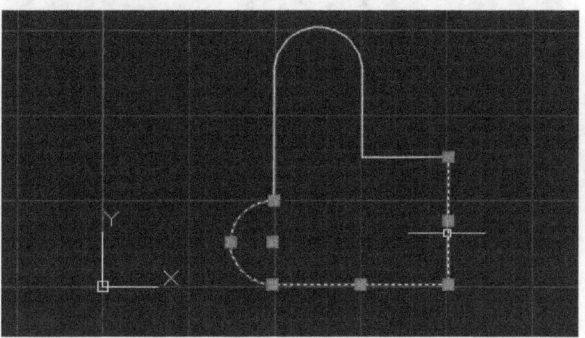

Pic 3.249 Choosing 3 segments after exploded

3.3.11 Stretch

Stretch command stretches object. You just have to define which object to stretch, see example below:

1. For example, there is an object as below:

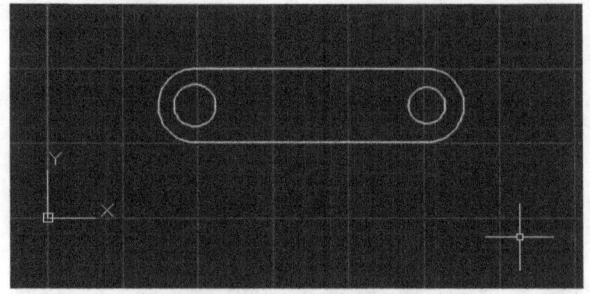

Pic 3.250 Object to stretched

2. Execute "stretch" command, and select part of the object you want to stretch.

```
Command: STRETCH
Select objects to stretch by crossing-window or crossing-polygon...
```

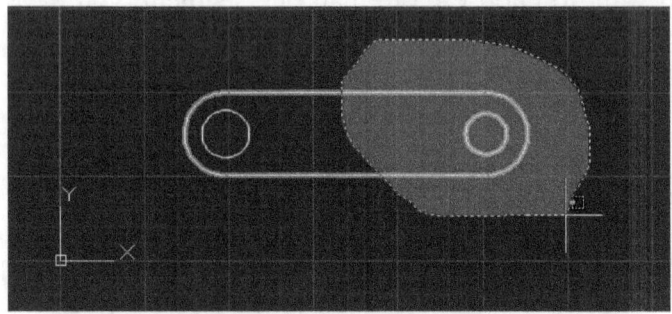

Pic 3.251 Choosing object to stretch

3. Selected object will be a dotted line.

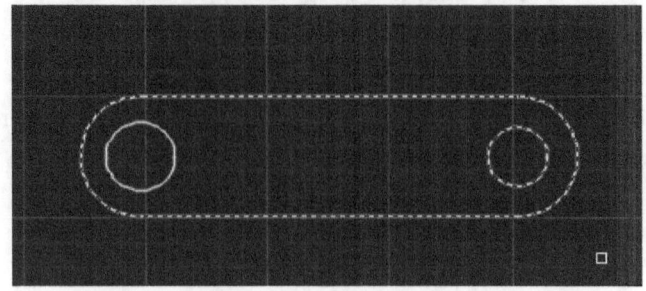

Pic 3.252 Selected object becoming dotted line

4. Click Enter, and specify the base point.

```
Specify base point
```

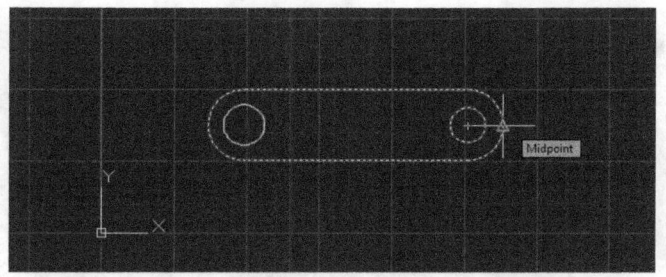

Pic 3.253 Specify base point for stretching

5. Click on a base point and click the second point.

```
Specify base point or [Displacement] <Displacement>:
Specify second point or <use the first point as displacement>:
```

6. Drag to right, you can see the initial position and position after stretching.

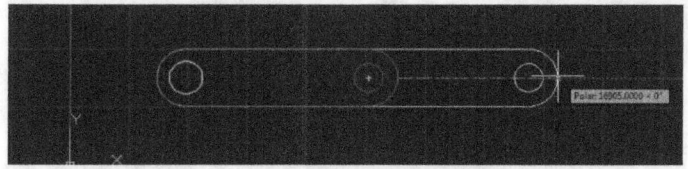

Pic 3.254 Stretching to right

7. If the mouse drag released, the object will be stretched.

Pic 3.255 The object after stretching

8. Stretch can also be used for makes size smaller. By dragging to the left.

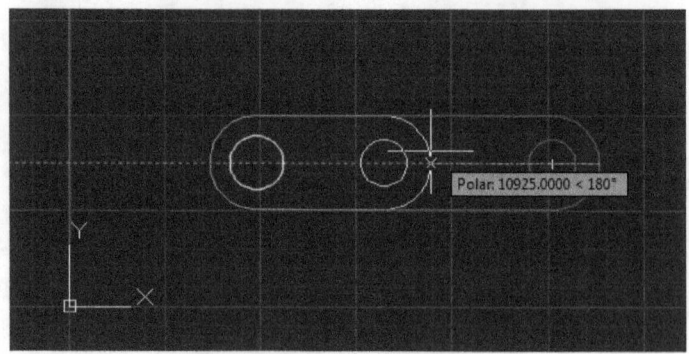

Pic 3.256 Negative stretching

9. If you do negative stretching, the object will be smaller.

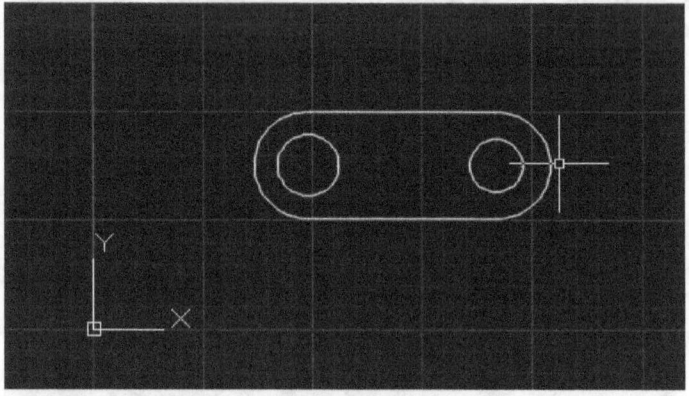

Pic 3.257 Negative stretch makes the object smaller

3.3.12 Scale

Scale command will scales object to make the object larger or smaller. See example below:

1. Type "scale".
2. Select the object.

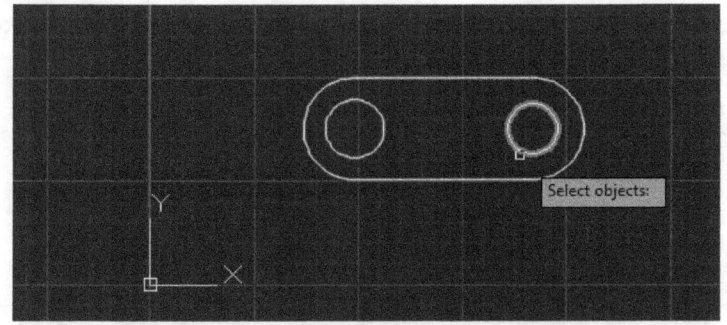

Pic 3.258 Choose the object to scale

3. Click Enter, the object will be a dotted line.

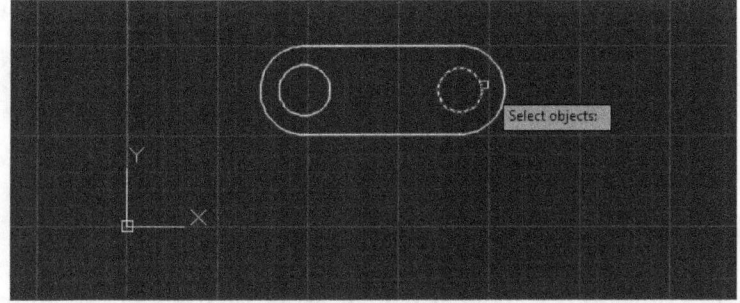

Pic 3.259 Object selected

4. Specify base point for scaling.

```
Specify base point
```

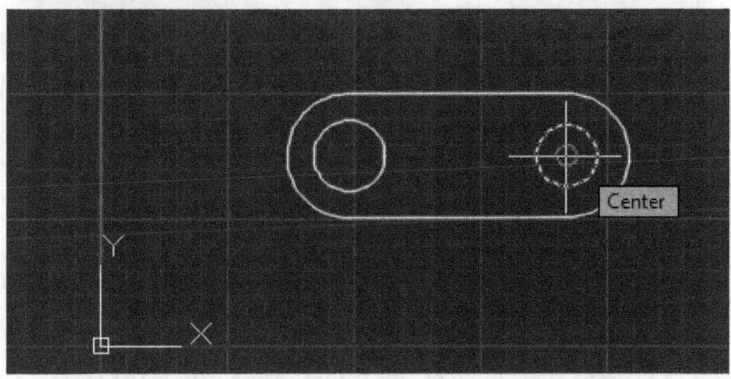

Pic 3.260 Click on the center as base point for scaling

5. Specify the scale factor or zoom factor, for example, if I take 2, it means the object will be zoomed twice.

```
Specify scale factor or [Copy/Reference]: 2
```
6. The result is:

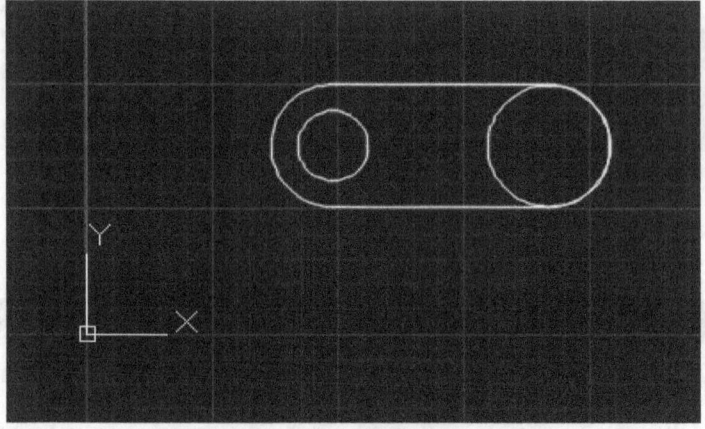

Pic 3.261 The result of scale factor

3.3.13 Array Rect

You can copy object and paste it in array of rows and columns by using array rect. This is how to use Array Rect command:

1. Type "arrayrect" in the command prompt.
2. Select the object.

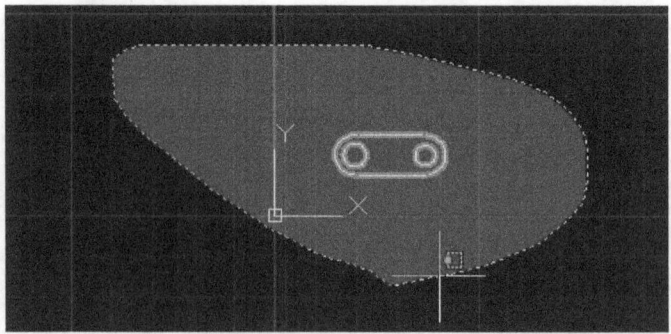

Pic 3.262 Select object you want to copy with array rect

3. Object automatically copied with array rect.

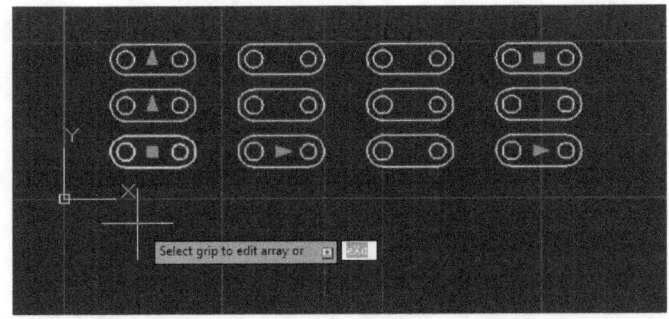

Pic 3.263 Object copied as array

4. You can change the property of array rect using column and row in **Columns** and Rows.

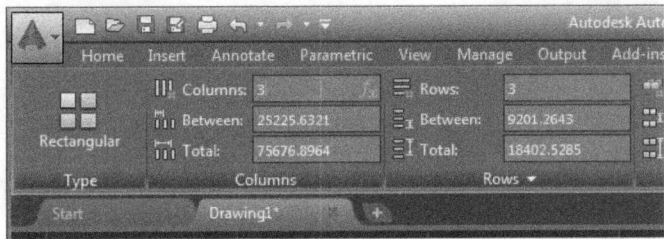

Pic 3.264 Columns and rows

5. Click **Close Array** to close the array creation.

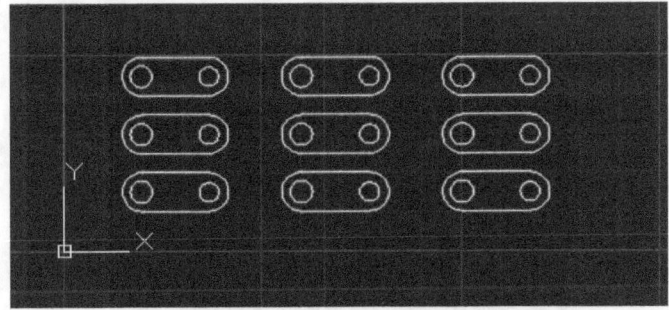

Pic 3.265 Array rect result

CHAPTER 4 CASE STUDIES

On this chapter, I'll demonstrate how to implement skills you have learned from the previous chapter to draw a simple drawing.

4.1 Create Simple House Plan

For example, you will create simple house plan with size 100x100. See steps below:

1. Set limits from workspace from 0,0 to 100, 100.

```
Command: LIMITS
Reset Model space limits:
Specify lower left corner or [ON/OFF] <0.0000,0.0000>: 0,0
Specify upper right corner <100.0000,100.0000>: 100,100
```

2. Draw a line as below:

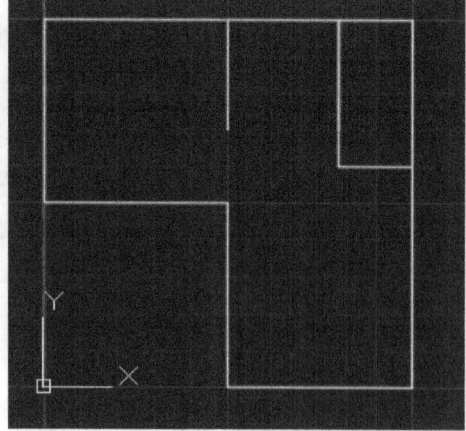

Pic 4.1 Drawing a line

3. See pic above, the size is 100 x 100.
4. Create small rectangle with size = 2.5 x 2.5.

Pic 4.2 Small rectangle

5. Type Move, and click the object.

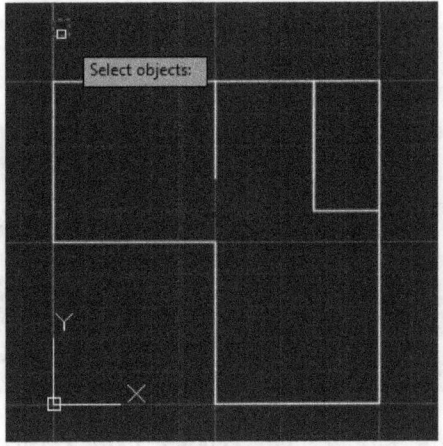

Pic 4.3 Small object

6. Choose the midpoint of the little rectangle as a base point.

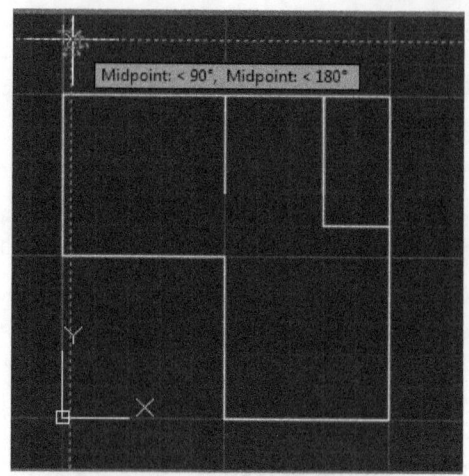

Pic 4.4 Choosing base point of move

7. Put the small rectangle to the corner of each line.

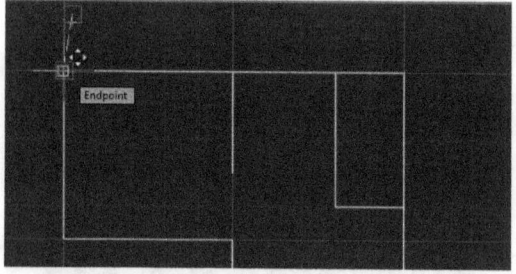

Pic 4.5 Put small rectangle to the corner

8. The box will be available in the corner.

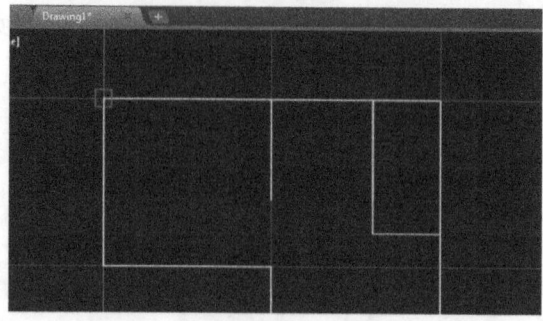

Pic 4.6 Box in the corner

9. Type "Copy" and select the small object.

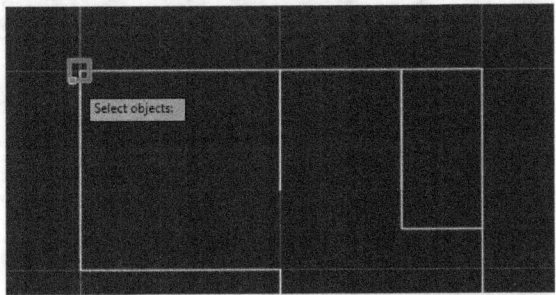

Pic 4.7 Choose the small rectangle to copy

10. The small rectangle will become dotted line.

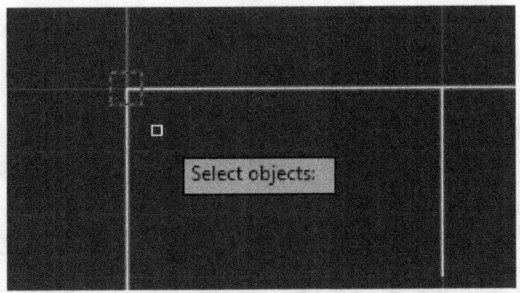

Pic 4.8 Small rectangle selected

11. Click on the mid rectangle when you are asked: **Specify base point**.

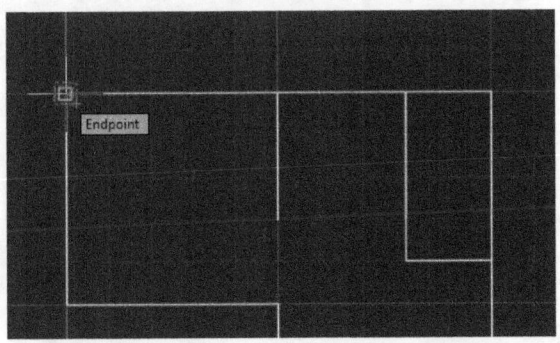

Pic 4.9 Specify base point for copying

12. Then choose other corner/intersection point in **Specify end point**,

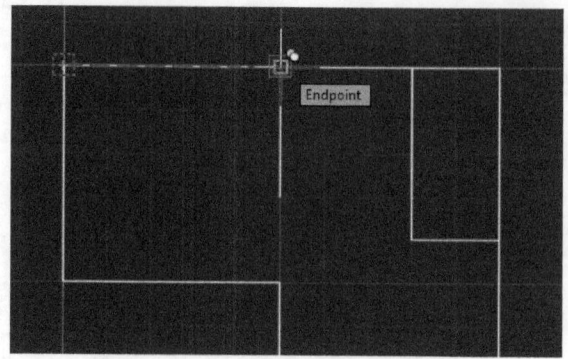

Pic 4.10 Specify the end point

13. Do this in each intersection/corner.

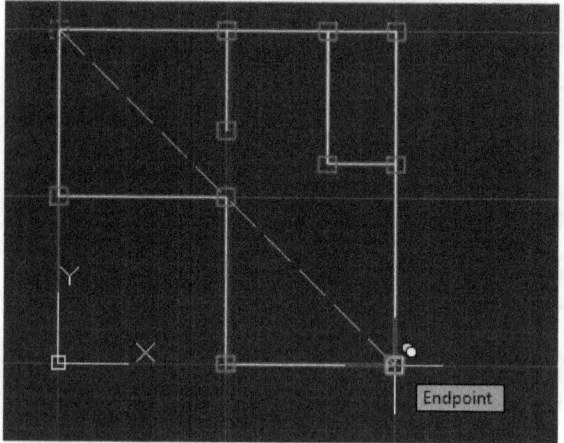

Pic 4.11 Copying the small rectangle in all corner/intersection

14. The result will be like the picture below:

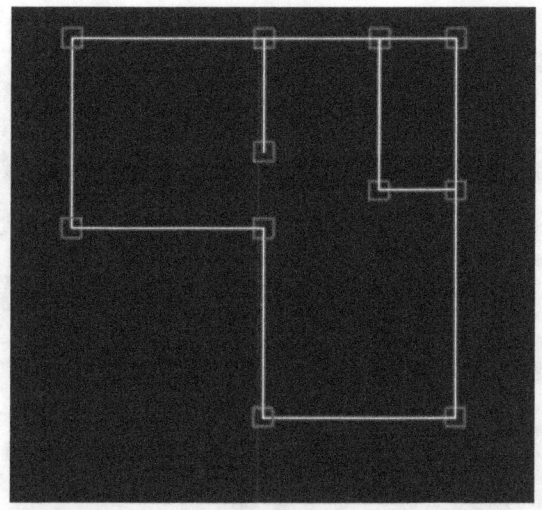

Pic 4.12 Small rectangle copied to each corner

15. Draw a line to draw the wall.

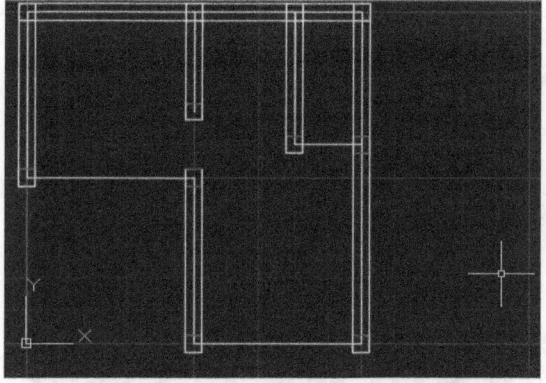

Pic 4.13 Drawing the wall

16. You can also draw a line to make a border.

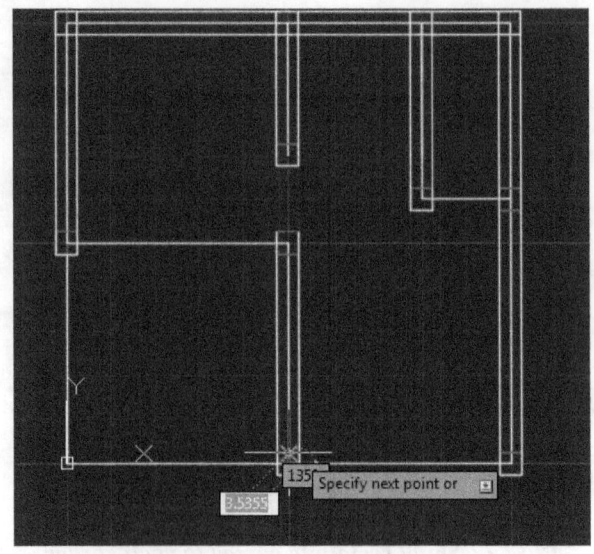

Pic 4.14 Drawing a line to draw border and wall

17. Draw a door like this.

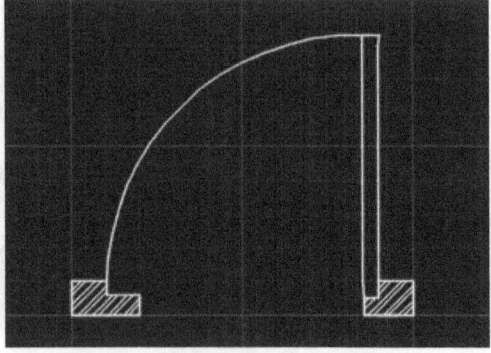

Pic 4.15 Drawing a door

18. Move the door to the place you want to create door.

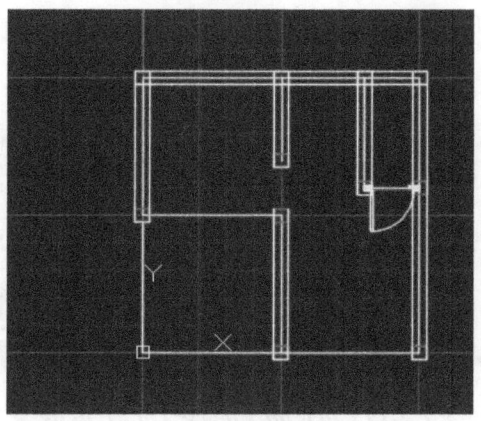

Pic 4.16 Create door

19. To give grass effect, create hatch, and select the pattern to Grass.

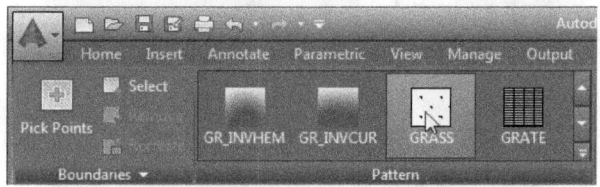

Pic 4.17 Choose pattern to grass

20. Give grass to the area you want to draw a grass.

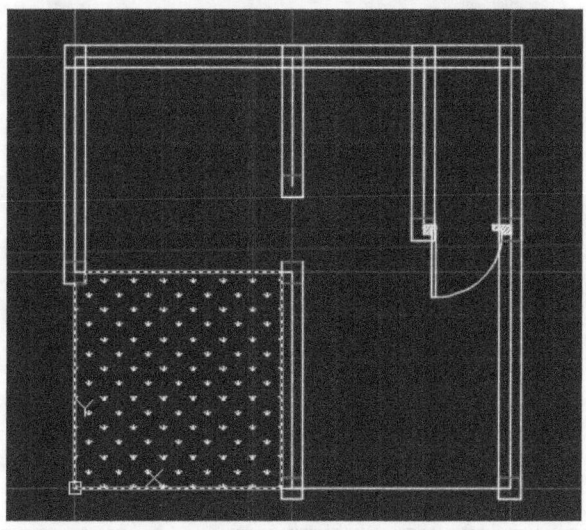

Pic 4.18 Giving grass by hatching using pattern = grass

21. To give a car, click on View > Tool Palettes.

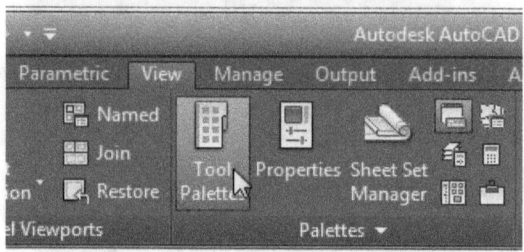

Pic 4.19 Click on View > Tool Palettes

22. Choose The architectural > Vehicles. Right click and select Properties.

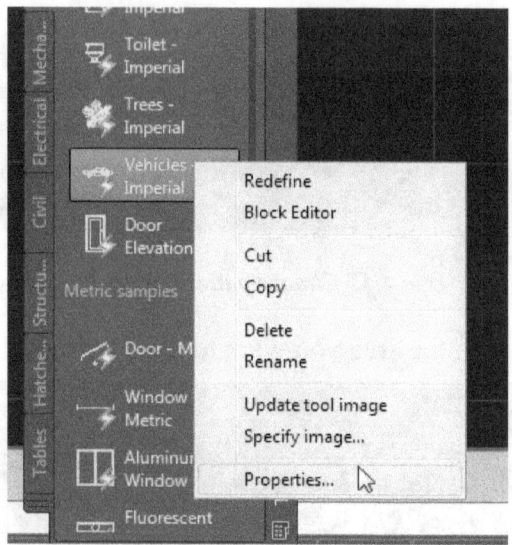

Pic 4.20 Click Properties

23. Choose Type (view) to Sports Car (Top).

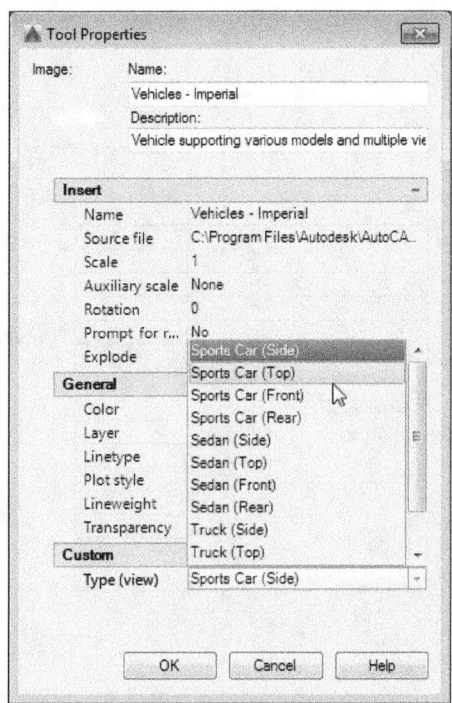

Pic 4.21 Choosing Sports Car (Top)

24. You can see the Type (View) changed and click OK

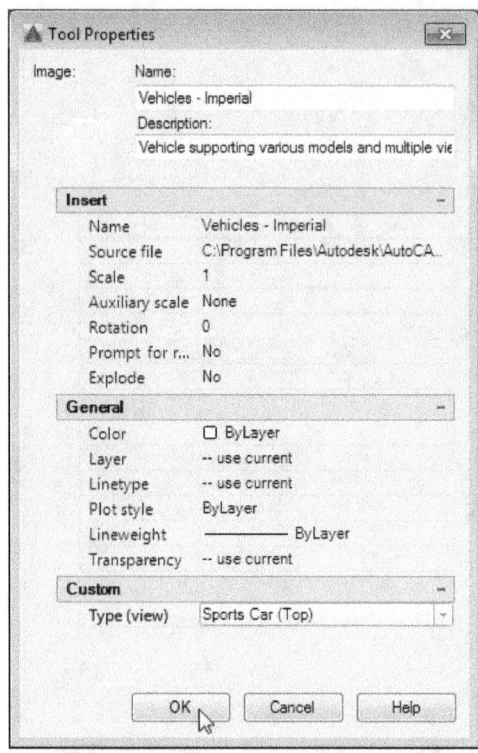

Pic 4.22 Type (view) property for car object already changed

25. Click to insert car object.

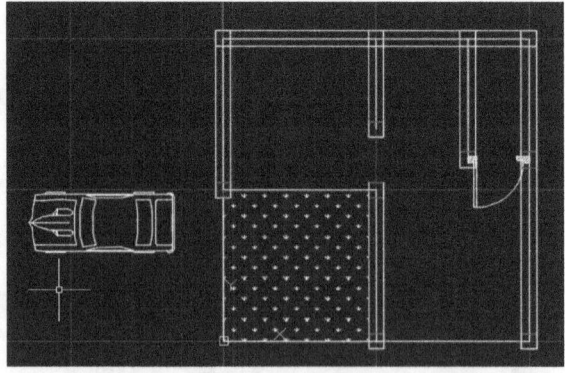

Pic 4.23 Car object inserted to drawing

26. Rotate using rotate function and put it in the garage.

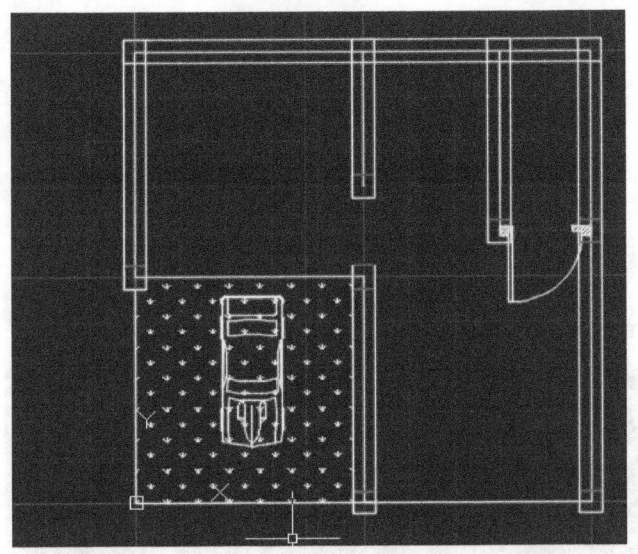

Pic 4.24 Put the car object

27. Using the same method, you can add other objects, like tree.

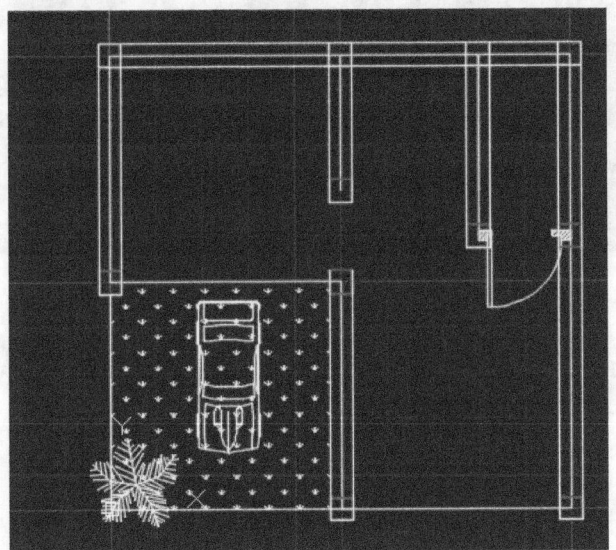

Pic 4.25 Inserting another object

28. To insert annotations, click **Home > Annotation**.

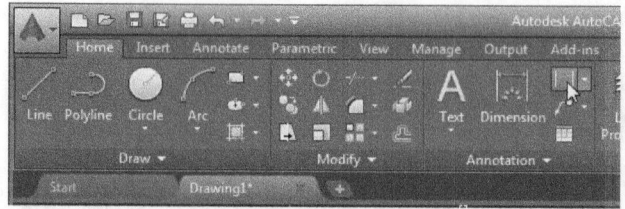

Pic 4.26 Annotation box

29. Complete the annotation in another place.

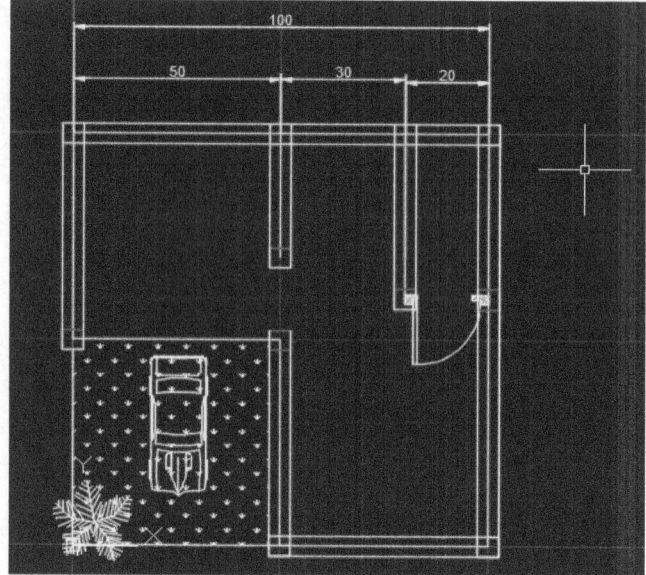

Pic 4.27 Completing the annotation

30. You can create other objects to complete the drawing using polyline, circle and rectangle.

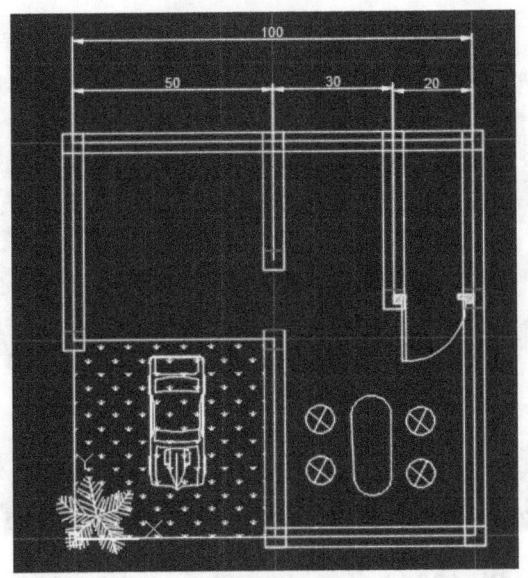

Pic 4.28 Completing the object

31. You can again add more annotation.

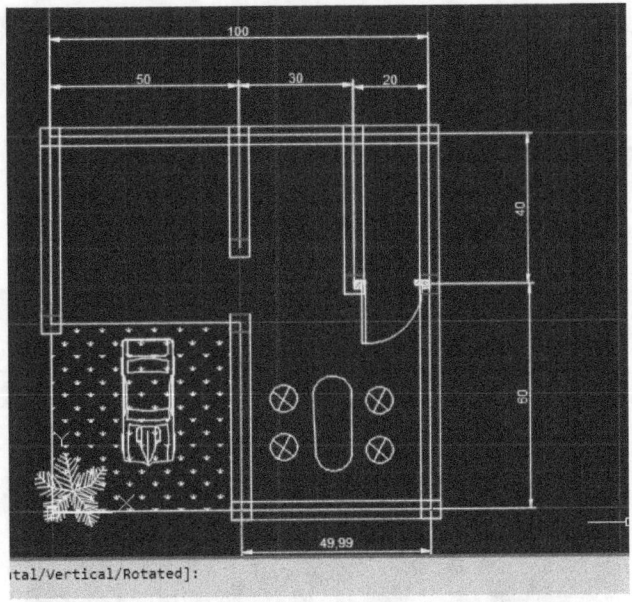

Pic 4.29 Adding annotations on other places

32. The result will be like this, you can add more using your creativity.

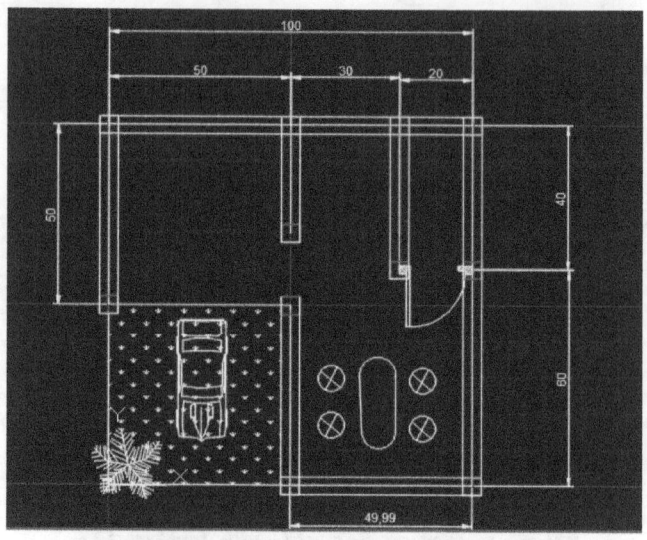

Pic 4.30 Final result of house plan drawing

4.2 Create Simple Gear

In this tutorial, you'll learn about how to create simple gear, follow steps below:

1. Create two circles, with an identical center point, but with different radius. Then add the teeth of the gear.

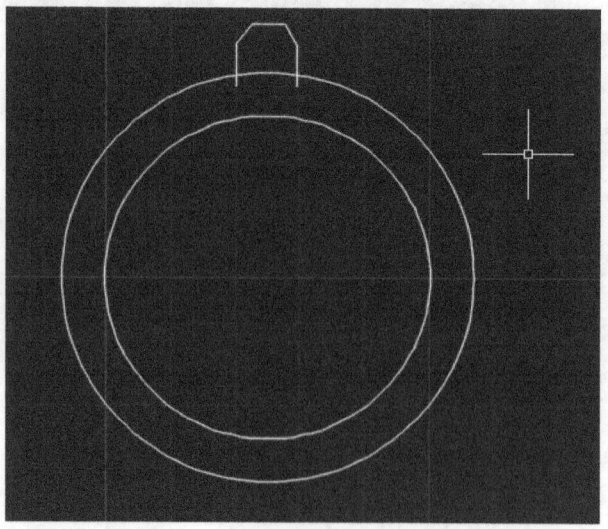

Pic 4.31 Create two circle with identical center point

2. Trim the root of the teeth by entering Trim command then select all objects.

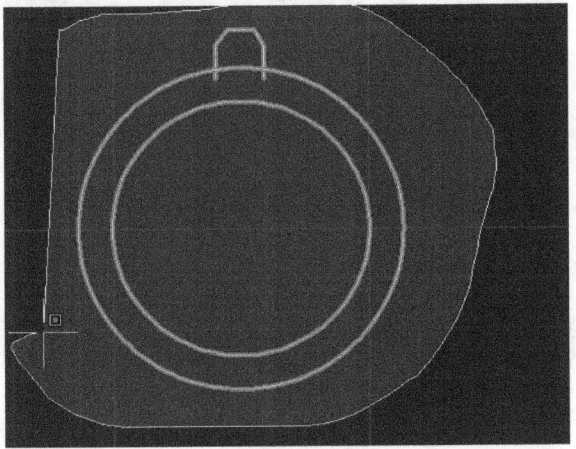

Pic 4.32 Selecting all objects to trim

3. Click on the root of the teeth to trim it.

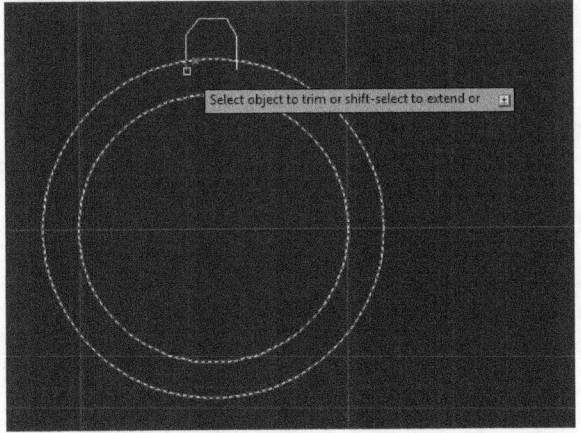

Pic 4.33 Trim the tooth's root

4. You can see the tooth.

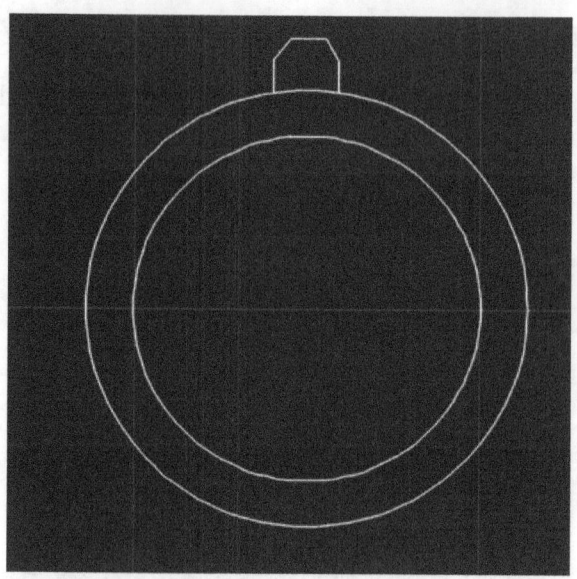

Pic 4.34 Circle with one tooth

5. Copy the object 18X, execute copy command, and select objects.

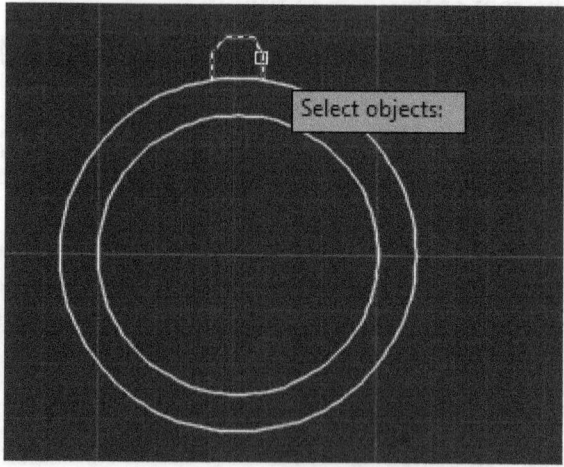

Pic 4.35 Selecting object to copy

6. Then rotate the copied tooth using Rotate command, choose the object then specify a base point to the center.

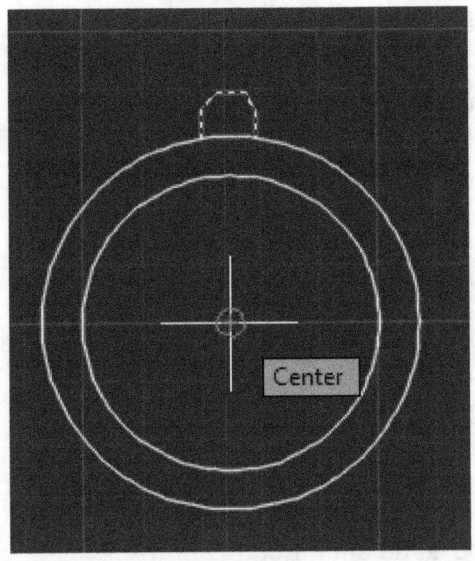

Pic 4.36 Specify base point = the center

7. Rotate with 20 degrees interval.

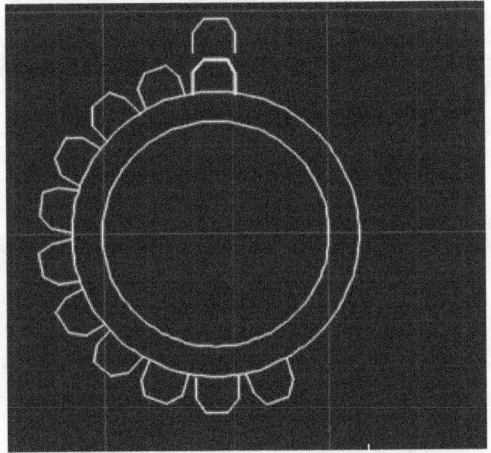

Pic 4.37 Rotating the teeth with 20 degrees' interval

8. Do until all the teeth rounding the circle.

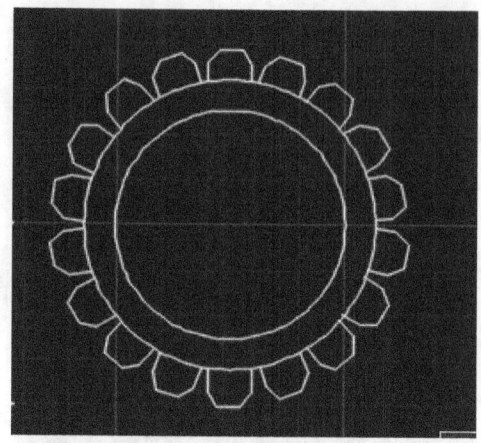

Pic 4.38 Teeth rounding the circle

9. Type "linetype", and click Load.

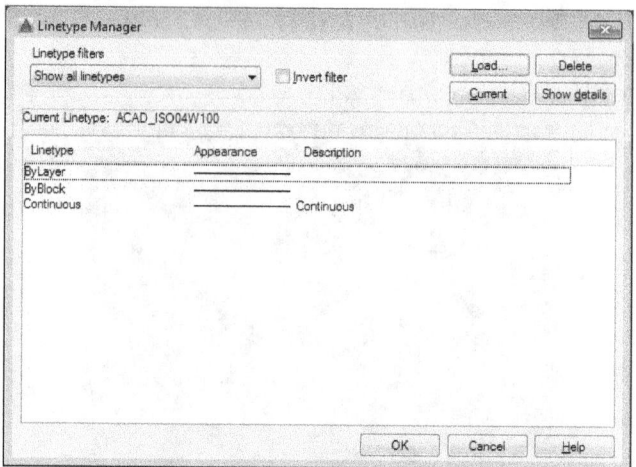

Pic 4.39 Choosing the linetype

10. Choose ISO long-dash dot to draw the axis.

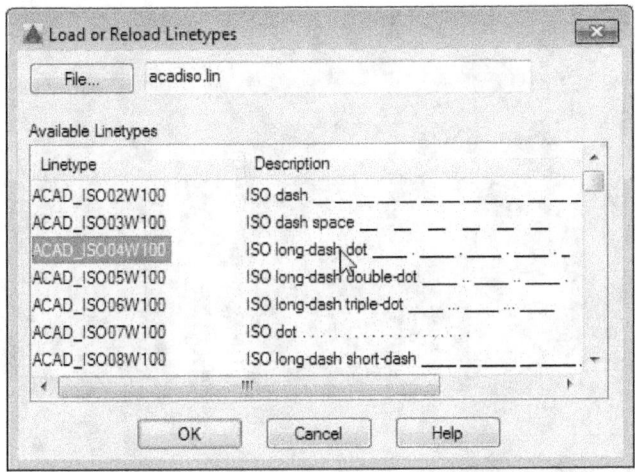

Pic 4.40 Adding ISO long-dash dot

11. Then click on the iso long-dash dot, and click Load.

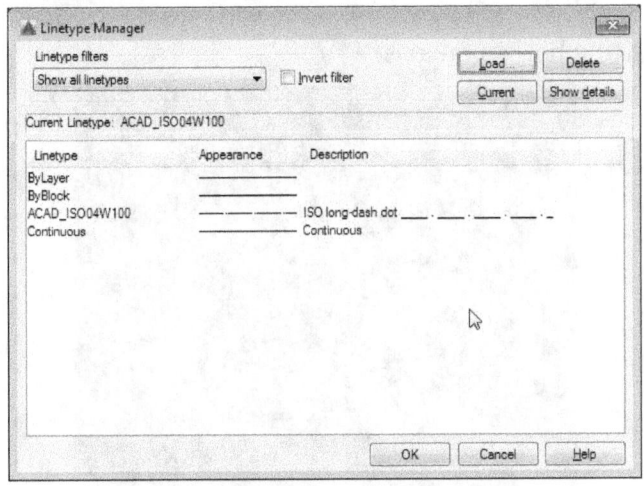

Pic 4.41 Choosing Longtype dash dot

12. Draw vertical axis.

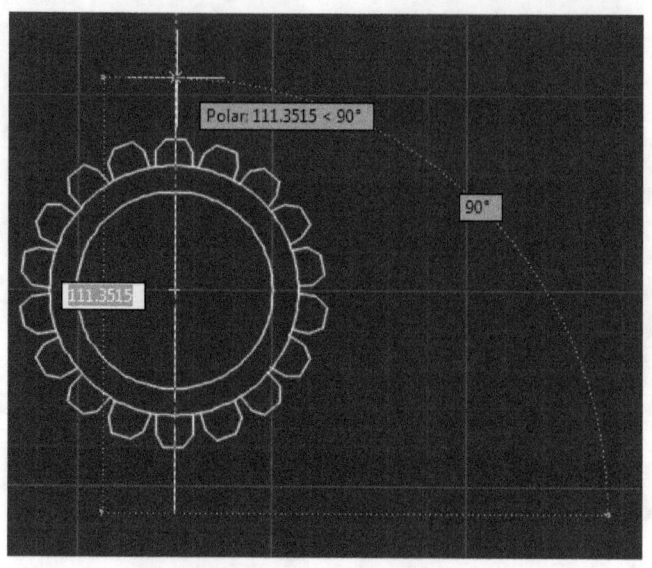

Pic 4.42 Drawing vertical axis

13. Drawing horizontal axis.

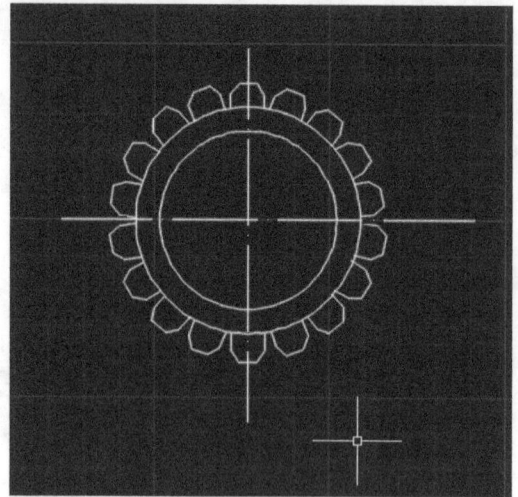

Pic 4.43 Drawing horizontal axis

14. Trim the gear, and select all the objects.

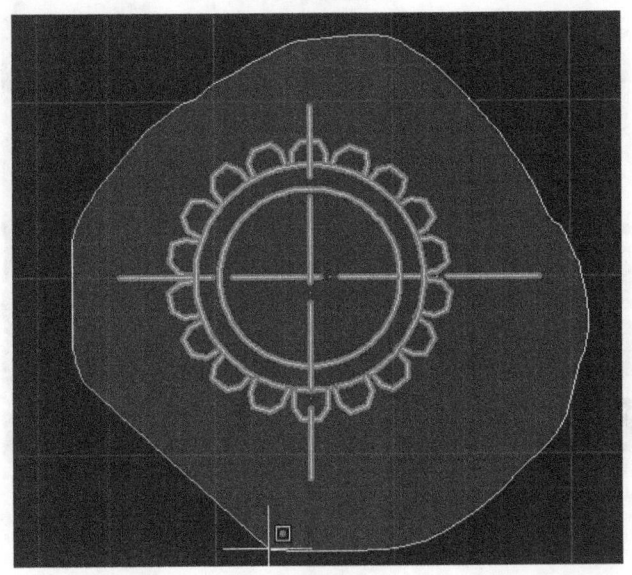

Pic 4.44 Select the gear

15. Click on the line below the teeth.

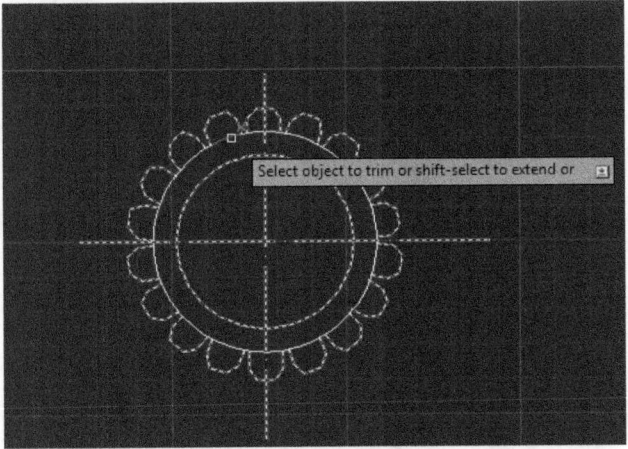

Pic 4.45 Trimming the line below the teeth

16. The final result will be as below:

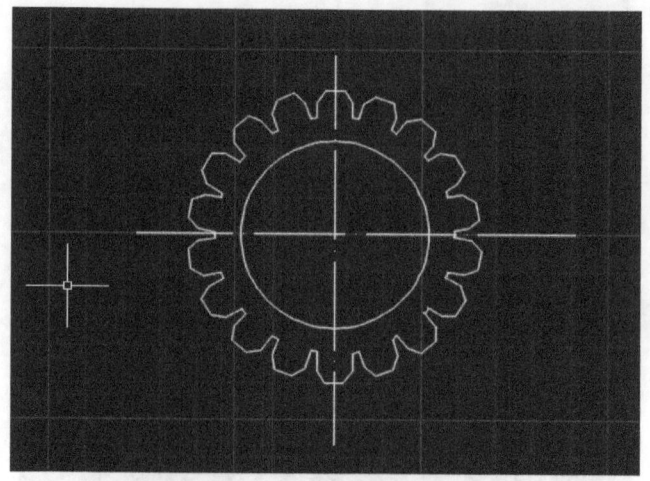

Pic 4.46 Final result creating gear

4.3 Create Simple Piston

See example below for creating simple piston using AutoCAD:

1. Create two circles, and two lines.

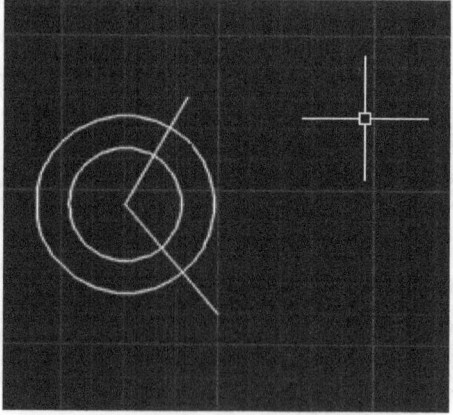

Pic 4.47 Create two circles and two lines

2. Type "Trim" and select all objects.

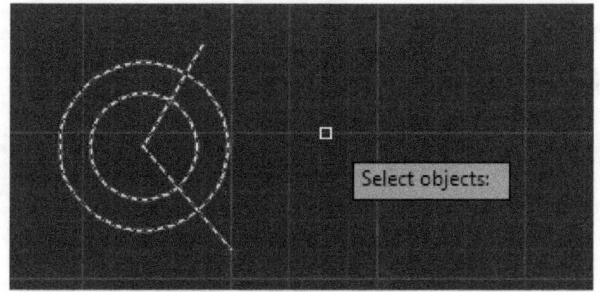

Pic 4.48 Choosing all objects to trim

3. Trim to make picture below:

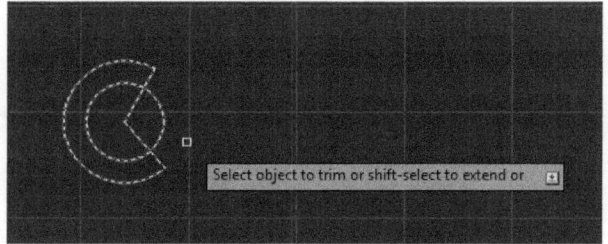

Pic 4.49 Trim outer circle

4. Trim part of the inner circle, see picture below:

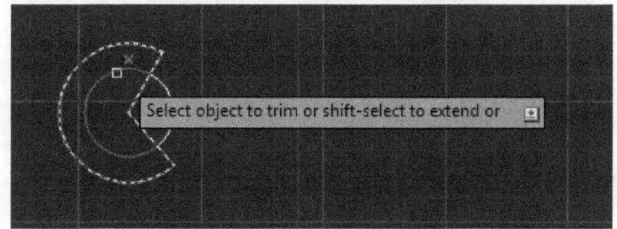

Pic 4.50 Trim inner circle

5. Trim the radius line.

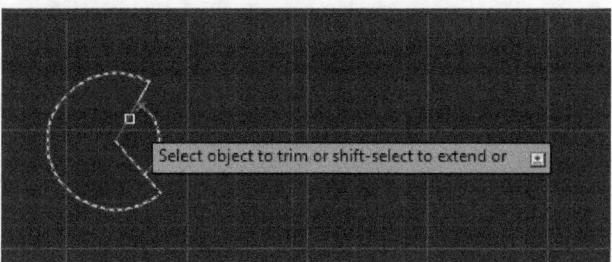

Pic 4.51 Trim radius line

6. The result will be like this.

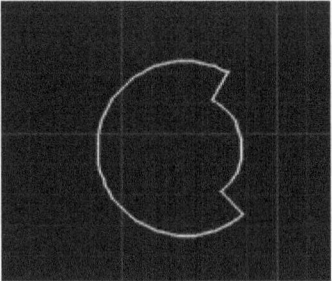

Pic 4.52 Engine axle drawing

7. Draw a small circle, with center point identical with the center point of the axle.

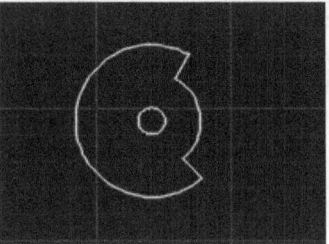

Pic 4.53 Small circle

8. Create one more small circle.

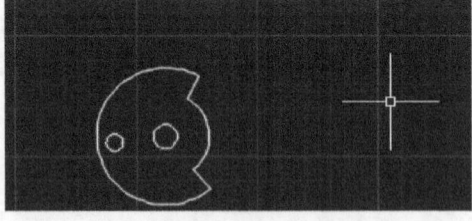

Pic 4.54 Creating one more small circle

9. Create polyline like picture below:

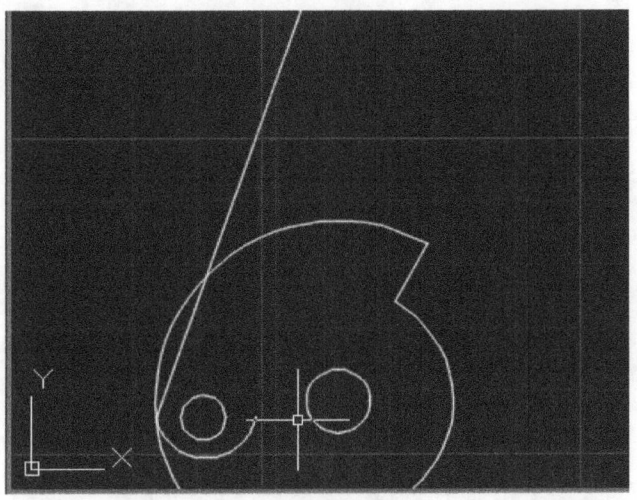

Pic 4.55 Create polyline

10. Add the polyline with line and the arc.

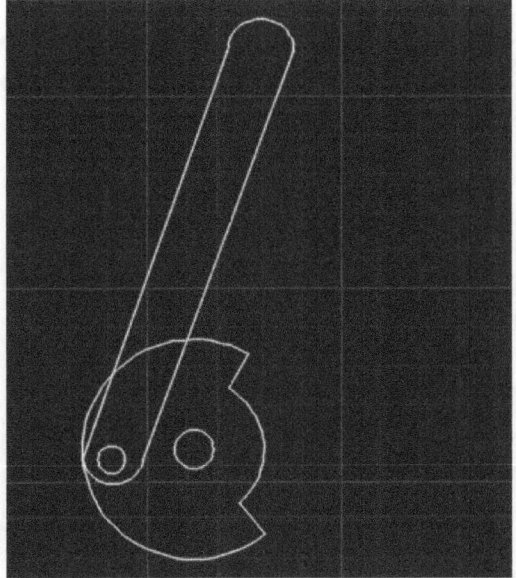

Pic 4.56 Create polyline with line and the arc

11. Create polyline to create the piston.

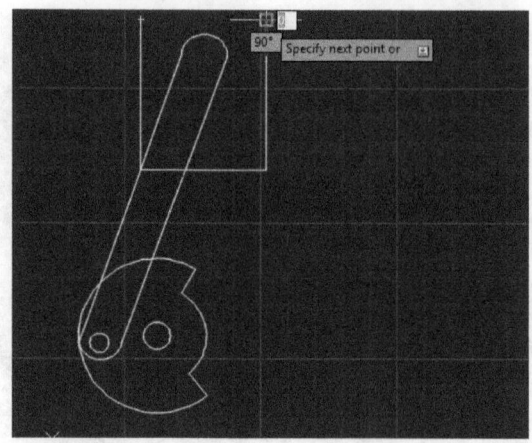

Pic 4.57 Create polyline to draw the piston

12. Draw an the arc to form the top of the piston.

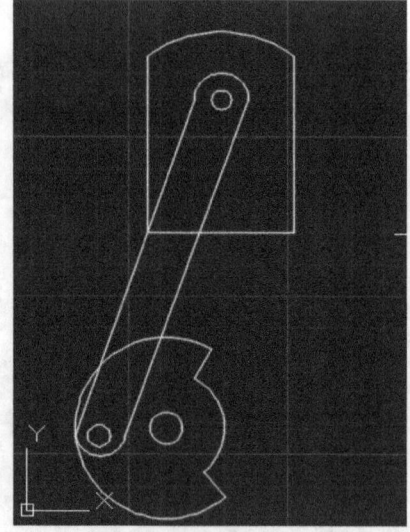

Pic 4.58 Draw an arc to form the top of piston

13. Now use trim.

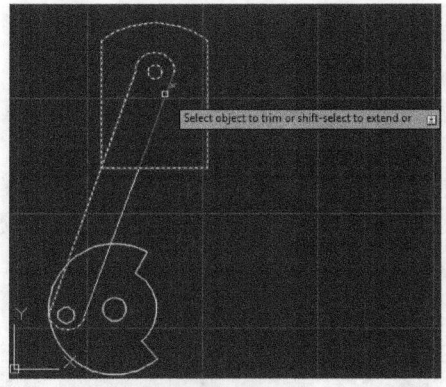

Pic 4.59 Trimming

14. The result after trim look as following picture.

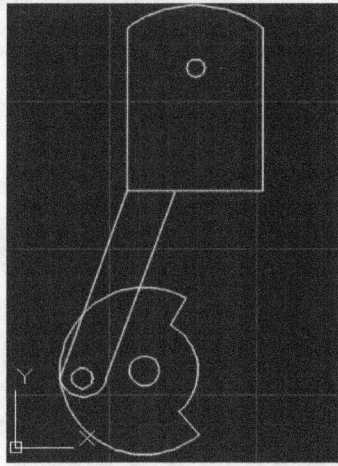

Pic 4.60 Result after trimming

15. Create two rectangles to draw the piston rings.

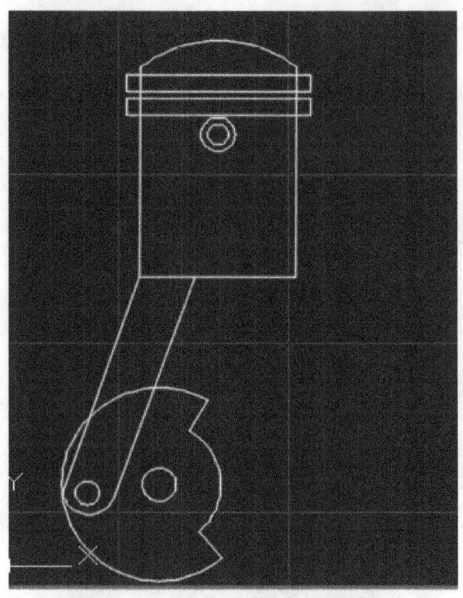

Pic 4.61 Create two rectangles

16. Type trim, and select to trim.

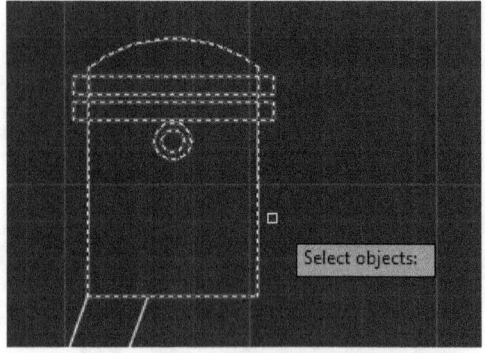

Pic 4.62 Select objects to trim

17. Trim on the wall side of the piston inside the piston ring.

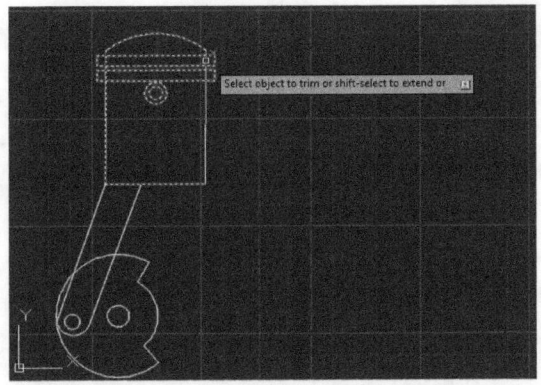

Pic 4.63 Trimming on piston ring

18. The final result is:

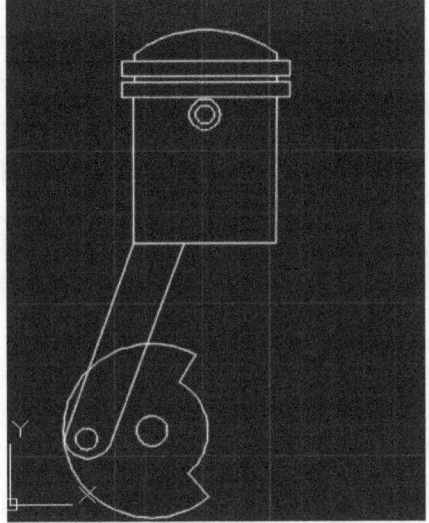

Pic 4.64 Final result

CHAPTER 5 DIBUJAR DIBUJO 3D

Esta es probablemente la parte más interesante de este tutorial de AutoCAD para principiantes - nos estamos acercando el diseño 3D! En este capítulo, aprenderá cómo crear 3D básico en un espacio de trabajo de modelado 3D. Puede utilizar formas tridimensionales (3D) de objetos sólidos para crear cajas, conos, cilindros, esferas, anillos, discos y pirámides.

Para crear un sólido 3D, cambiar el espacio de trabajo de modelado 3D personalizado para crear y modificar un modelo 3D sólido. Al final de este capítulo, también se explicó algunos atajos de teclado para trabajar más eficazmente con AutoCAD. Cuando se trabaja en 3D, usted debe recordar, que el dibujo en AutoCAD sólo es posible en el plano xy. Si desea cambiar la dirección de dibujar o trazar su objeto en 3D, debe volver a definir el sistema de coordenadas. Dibujar un círculo al azar en su Drawspace mientras se está en la visión superior. A continuación, introduzca Vista frontal y el tipo "UCS". Esto le permitirá establecer un nuevo sistema de coordenadas. El tipo de "V" para ajustar la vista actual como el nuevo sistema de coordenadas. Dibuje un segundo círculo concéntrico con el primero. Ahora girar el modelo mediante la celebración de Shift y la rueda del ratón, y verá la alineación en 3D de los dos círculos.

5.1 Configurar espacio de trabajo 3D

Realice los pasos a continuación para configurar espacio de trabajo 3D:

1. En la barra de estado, haga clic en Workpsace conmutación.

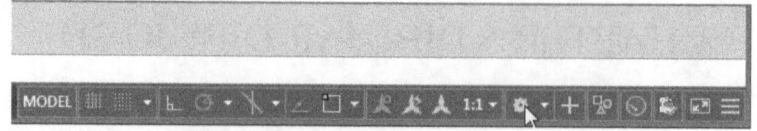

Pic conmutación 5.1 Espacio de trabajo

2. En el menú, haga clic Fundamentos 3D

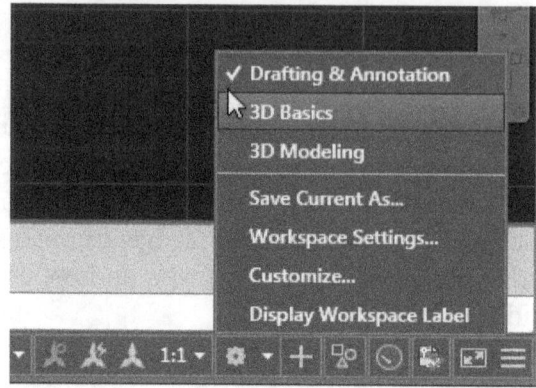

Al hacer clic en Pic 5.2 Fundamentos 3D

3. Conceptos básicos del espacio de trabajo 3D muestra, puede acceder a una gran cantidad de comandos y herramientas para la elaboración de objetos 3D.

5.2 Dibujar objetos 3D

Al igual que en el dibujo 2D, hay algunos objetos básicos de dibujo 3D. Vas a aprender cómo dibujar objetos 3D a continuación:

5.3.2 Dibuje Box

Box es un rectángulo con la altura. Estos son los pasos para crear caja en atuocad:

1. Haga clic en la caja de icono en Crear icono de la barra de herramientas.

Pic icono de la caja 5.3 Haga clic

2. Insertar el primer punto, e inserte el segundo punto.

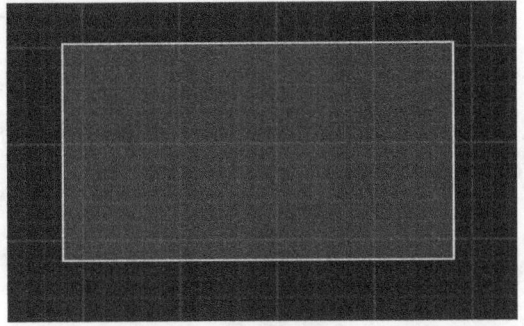

Pic 5.4 Crear rectángulo para el cuadro

3. Arrastrar el ratón a la parte superior derecha.

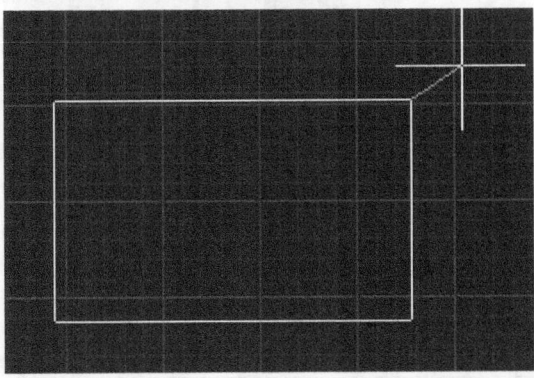

Pic 5,5 Arrastre el ratón para arriba a la derecha

4. Introduzca la altura de la caja, por ejemplo, 300.

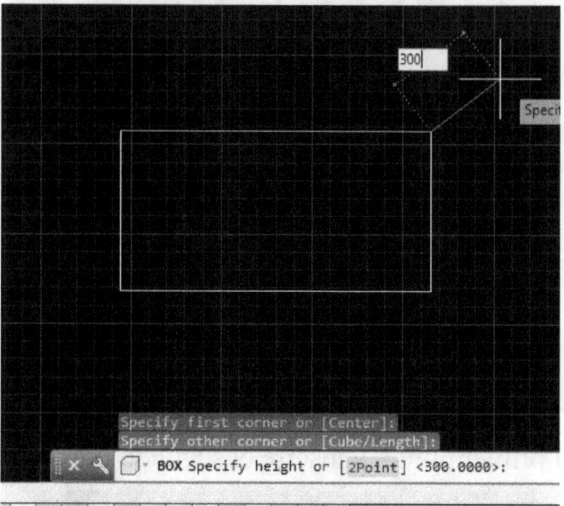

Pic 5.6 Especificar la altura de la caja

5. Para ver el resultado en 3D, cambiar el botón de la órbita de la barra de la derecha.

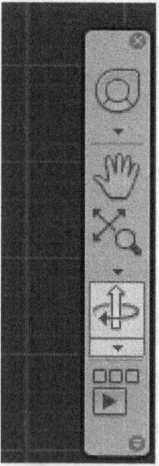

Pic 5.7 Cambio de la órbita

6. El resultado como a continuación:

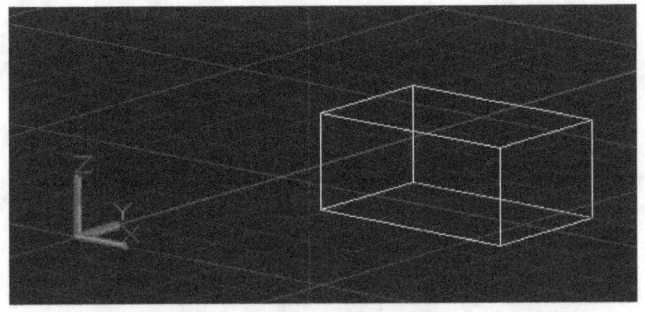

Pic 5.8 Resultado de la creación cuadro

7. Hacer clic Esc o [ENTER] en el teclado.

Otro ejemplo:

1. Número repita el paso 1-2.
2. En el símbolo del sistema, AutoCAD pide que especifique otra Corder o longitud. Elija L de longitud.

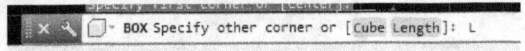

Pic 5,9 L Elige

3. Significa, dibujaremos mediante la inserción de longitud.
4. AutoCAD pide a la longitud, tipo: 100.

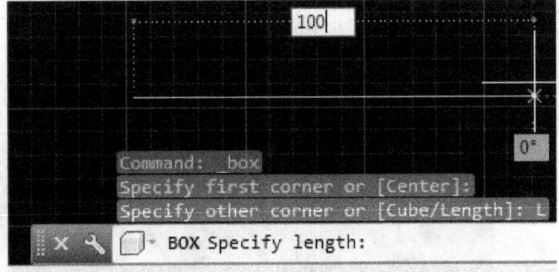

Pic 5.10 Viendo longitud del objeto

5. AutoCAD pide a la anchura, tipo: 40.

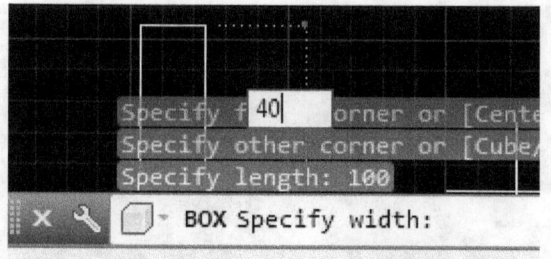

Pico 5,11 Especificar ancho

6. A continuación, arrastre superior derecha y especificar la altura a 50.

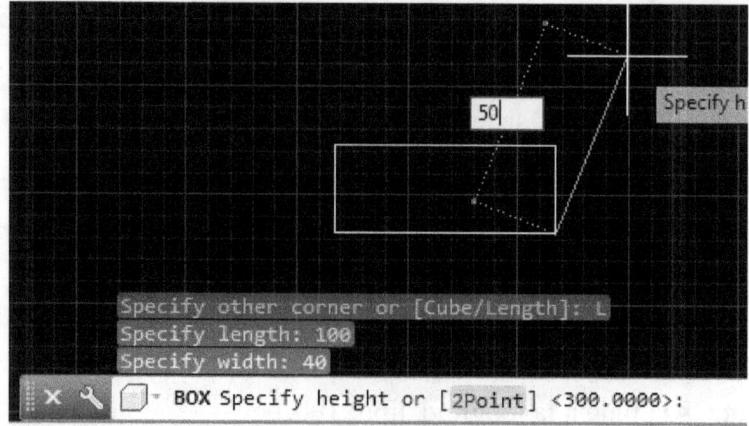

Pic 5.12 Especificar la altura

7. El resultado caja estará 100 x 40 x 50.

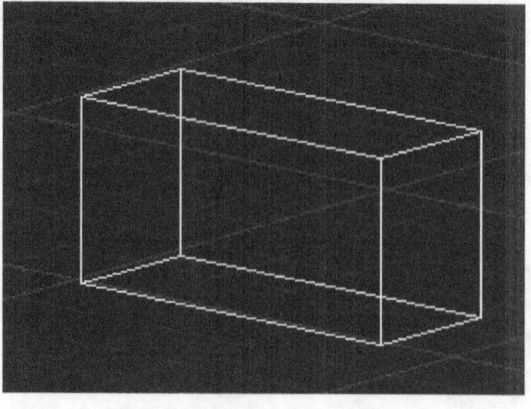

Pic 5.13 Caja creado

Para la elaboración de un cubo, que puede hacer estos pasos:

1. Ejecutar la caja, a continuación, escriba C para la elección de cubo.

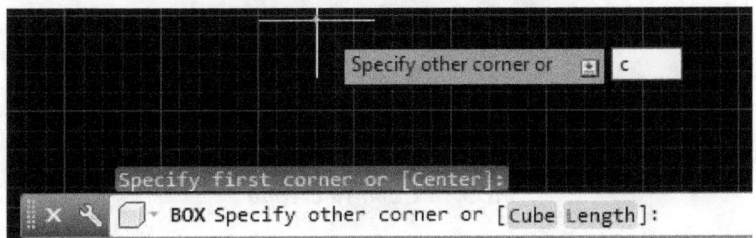

Pic 5.14 Especificar C para el cubo

2. Especificar la longitud de 100.

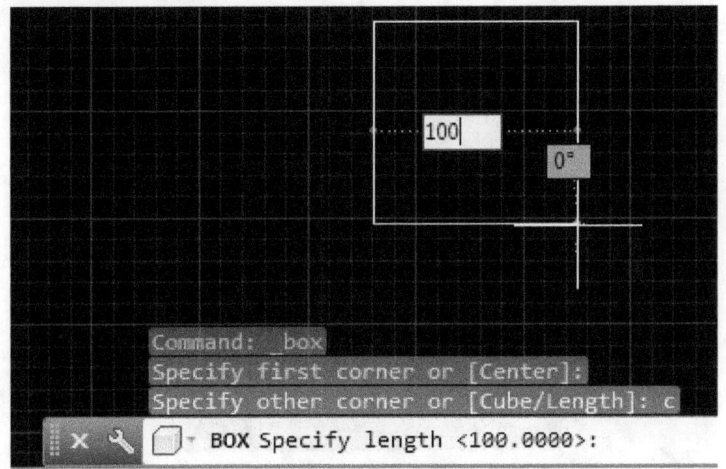

Pic 5.15 Especificar la longitud del cubo

3. El resultado es un cubo con el tamaño: 100 x 100 x 100.

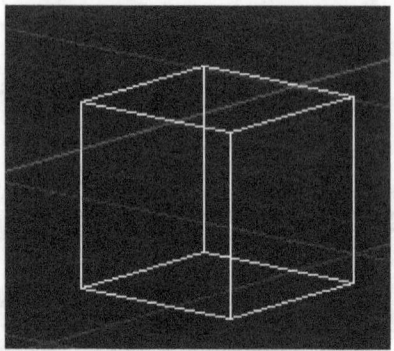

Pic 5,16 Cubo ya creado

5.3.3 Dibuje Cilindro

El cilindro de AutoCAD creado usando el icono del cilindro. Consulte los pasos a continuación:

1. Haga clic en icono cilindro.

Pic 5.17 Haga clic en el icono del cilindro

2. Introduce el centro del cilindro. Haga clic en un lugar determinado.
3. Arrastre el ratón para dibuja un circulo.

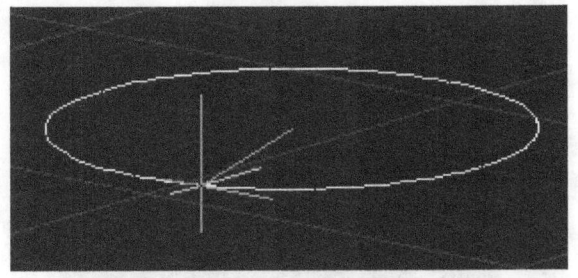

Pico ratón 5,18 Arrastre para dibujar un círculo

4. Insertar la altura del cilindro: 500.

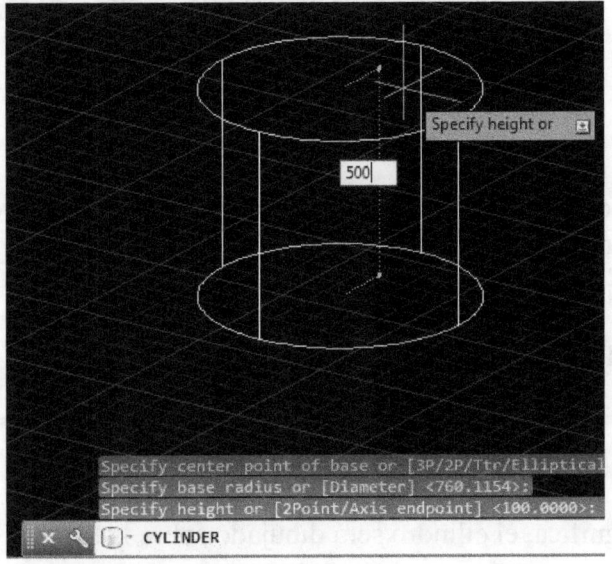

Pico 5,19 Inserción de la altura del cilindro

5. El resultado será como esto.

Pic 5.20 Cilindro ya creado

Otro método es mediante la definición de radio o diámetro. Siga los pasos a continuación:

1. Repita los pasos hasta el paso 2
2. Elija d para diámetro.

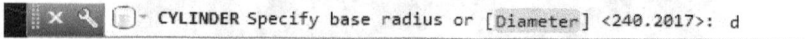

Pic 5,21 Elige D

3. Esto significa, el cilindro será dibujado sobre la base de diámetro.
4. AutoCAD pide diámetro, tipo: 100.

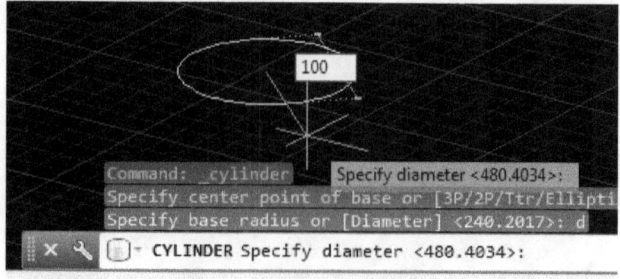

Pico 5,22 Especificar el diámetro

5. Especificar la altura: 200.

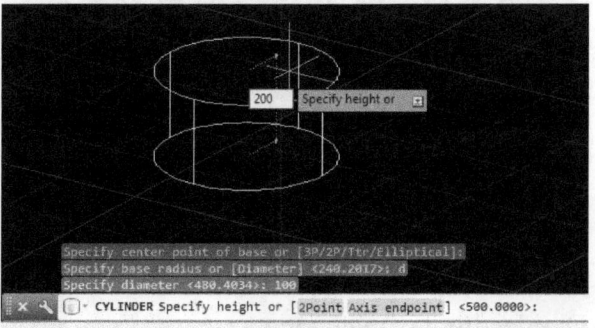

Pic 5.23 Especificar la altura

6. El resultado es cilindro con diámetro = 100 y la altura = 200

5.2.3 Dibuje Cono

Cono en AutoCAD se pueden crear utilizando el icono de cono. Vea los pasos siguientes para crear Cono:

1. Haga clic en el icono del cono.

Pic 5.24 Haga clic en el icono de Cono

2. AutoCAD pide que especifique el centro del círculo.
3. Arrastre el ratón para dibuja un circulo.

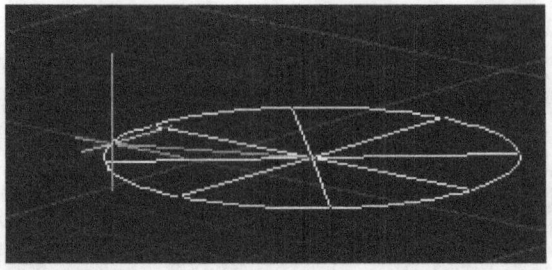

Pic ratón 5,25 Arrastre para dibujar un círculo

4. AutoCAD pide altura para el cono.
5. El resultado será como esto.

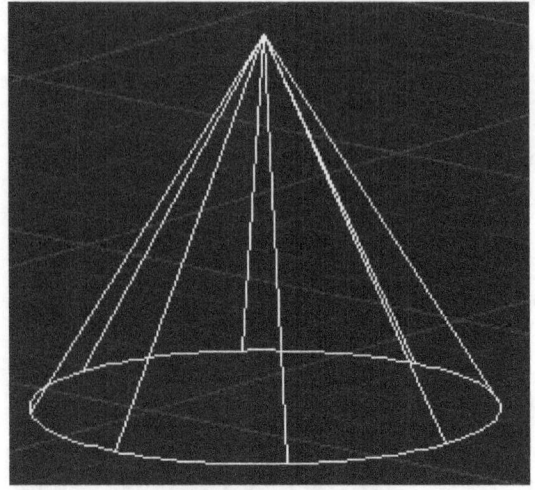

Pic 5,26 resultado Cono

O puede especificar el diámetro y la altura mediante el uso de los pasos a continuación:

1. Repita los pasos hasta el paso 2
2. En el símbolo del sistema, seleccione D para insertar diámetro.

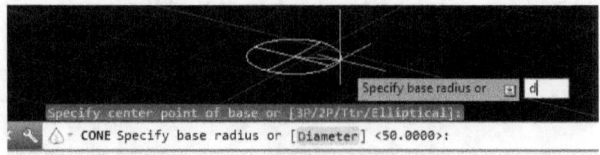

Pic 5,27 Seleccione D

3. Esto significa que el círculo se ha creado usando diámetro.
4. Insert el diámetro, por ejemplo: 100.

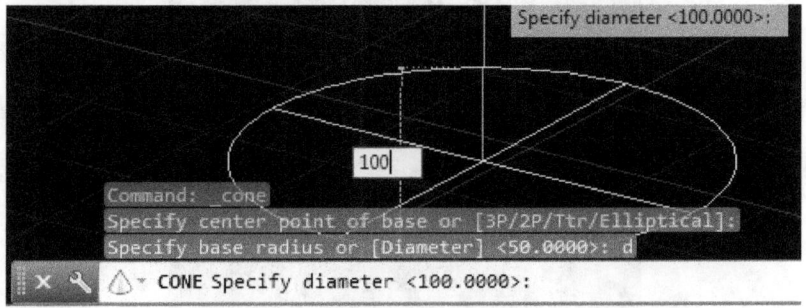

Pico diámetro 5,28 Inserción para el círculo

5. Especificar la altura para el cono, por ejemplo: 150.

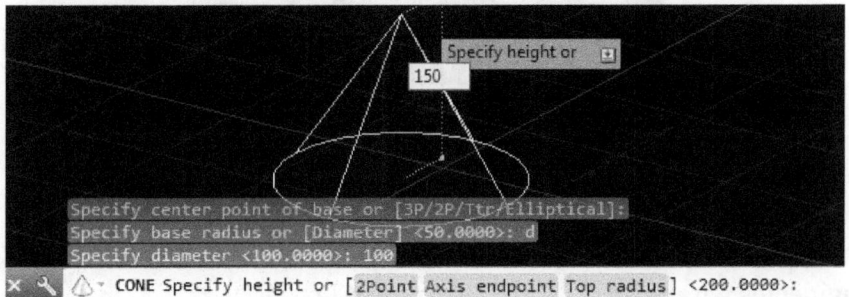

Pico altura 5.29 Especificación del cono

6. El resultado es cono con diámetro = 100 y la altura = 150

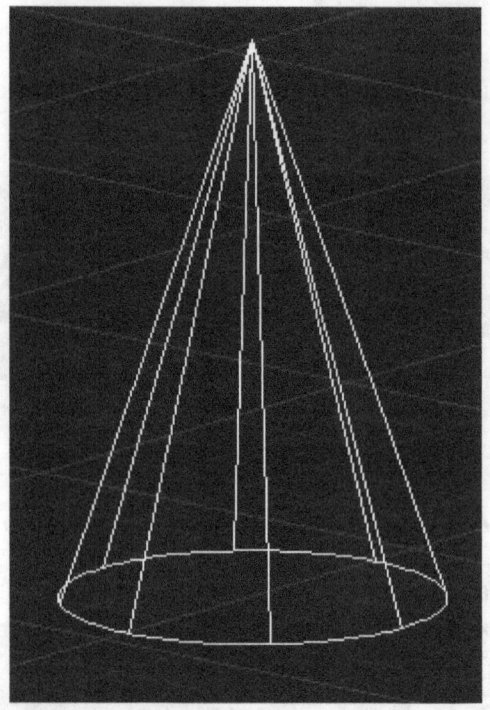

Pic 5,30 resultado Cono

5.2.4 Dibuje bola

Bola puede ser creado usando Icono de la esfera. Consulte los pasos siguientes para extraer la bola en AutoCAD:

1. Haga clic en el icono de la esfera.

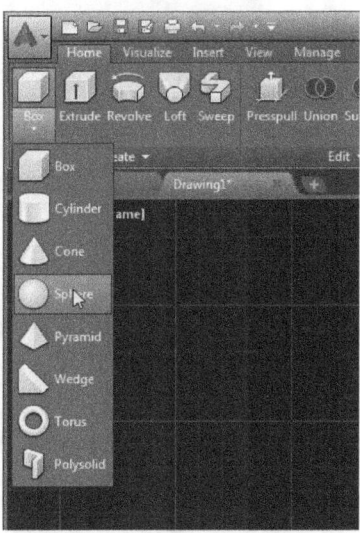

Pic icono Esfera 5,31 Haga clic

2. AutoCAD pide el punto medio círculo. Haga clic en el punto medio.

3, Arrastre el ratón para dibujar la pelota.

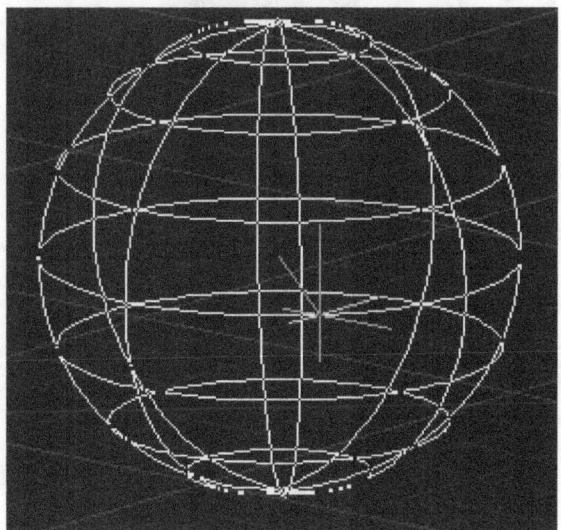

Pic resultado 5,32 bola

4. Se puede ver el resultado en la pictue anteriormente.

Otro método es mediante la especificación de radio o diámetro:

1. Repita los pasos hasta el paso 2.
2. Inserte d para especificar diámetro.

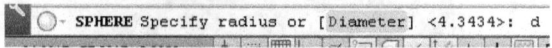

Pic 5,33 Elige Diámetro

3. Insertar el diámetro, por ejemplo: 100.
5. El resultado es un balón de diámetro = 100.

5.2.5 Dibuje Pirámide

Puede dibujar pirámide siguiendo los pasos a continuación:

1. Haga clic en el icono de la pirámide,

Pic 5,34 Elige Pirámide

2. Especificar el centro de rectángulo.
3. Arrastrar el ratón para crear el rectángulo.

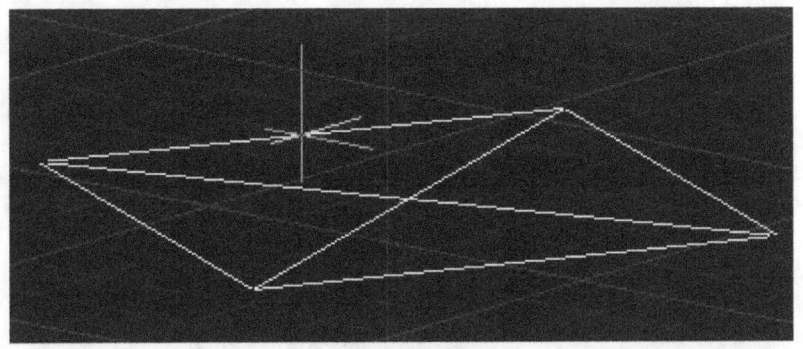

Pic 5,35 Crear rectángulo

4. Introduzca la altura.
5. Ver el resultado imagen debajo.

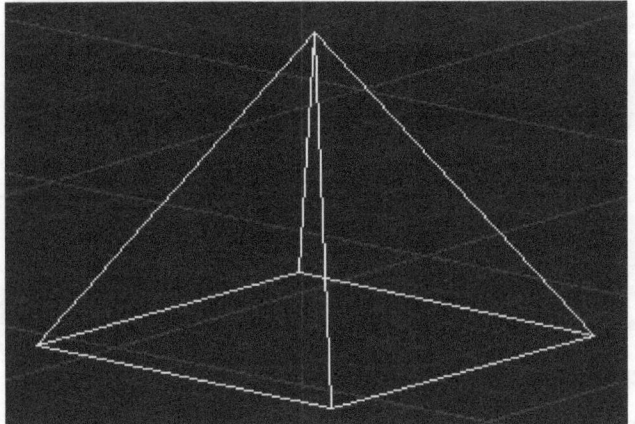

Pic resultado 5,36 Pirámide

5.2.6 Dibuje dona 3D

También puede llamar la donuts 3D usando el comando toro. Consulte el siguiente ejemplo:

1. Haga clic en **Toro** menú.

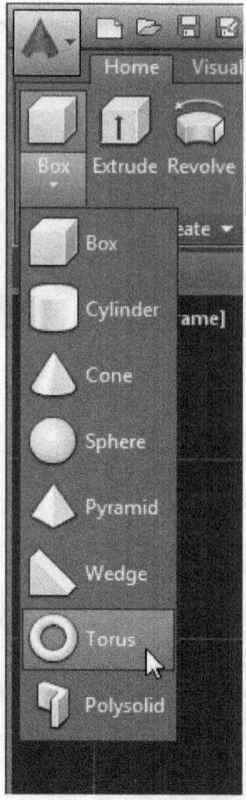

Pic 5,37 Haga clic en el menú Torus

2. Entrar en el centro de el círculo.
3. Arrastrar el ratón.

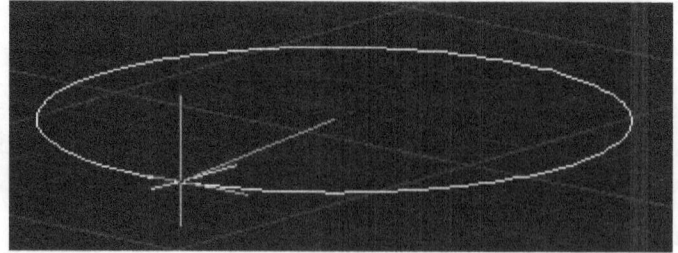

Pic 5,38 Arrastre el ratón desde el centro hacia fuera

4. Insertar el radio del círculo pequeño del tubo.

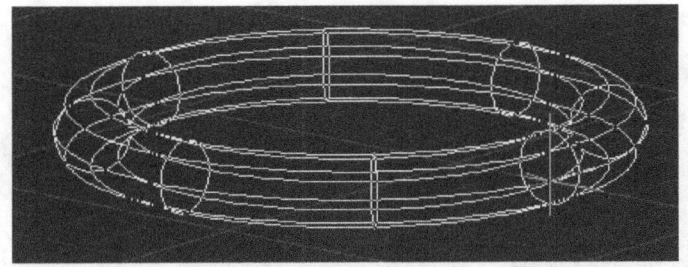

Pic 5.39 Creación del toro

5. Terminar.

También se puede hacer manualmente toro. Consulte los pasos a continuación:

1. Repita los pasos anteriores hasta que el paso 2.
2. Elija radio, Tipo: 50.
3. El resultado es un anillo en el radio = 50.
4. Entonces especificar el radio del tubo = 10.

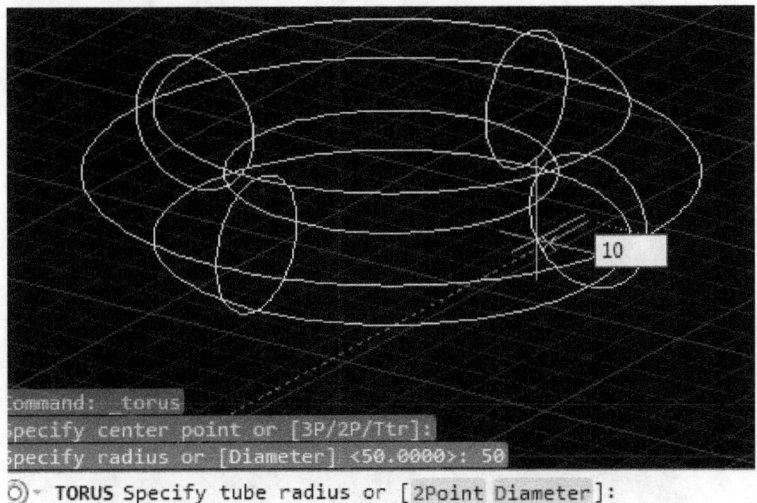

Pico 5,40 Especificar el radio del tubo

5. El resultado es un toro con radio = 50 y el tubo de radio = 10.

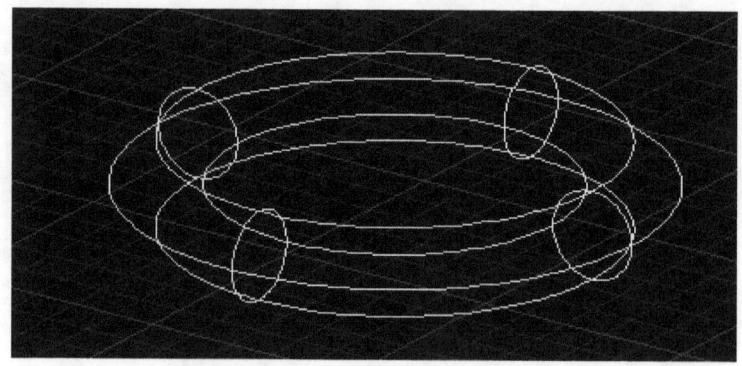

Pic 5,41 Resultado del dibujo anillo

5.2.7 Objeto de extrusión 2D

Puede dibujar un objeto 3D mediante la extrusión de un objeto 2D. Consulte el siguiente ejemplo:

1. Abrir el pic 2d.
2. Haga clic en el botón órbita.
3. Haga clic derecho y arrastre para cambiar la vista de la pci 2d.

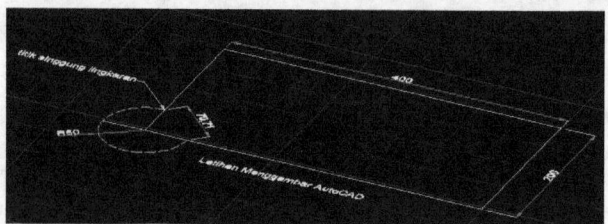

Pic pic 5,42 2D

4. Clik botón Extruir como imagen debajo:

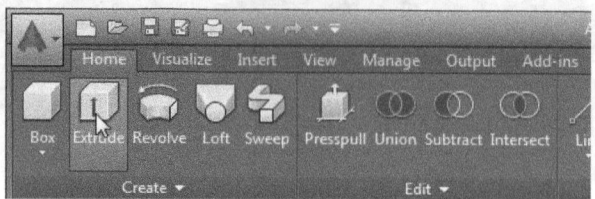

Pic botón de Extrusión 5,43 Haga clic

5. Cambiar el objeto youw hormiga para extruir y haga clic **Entrar**.

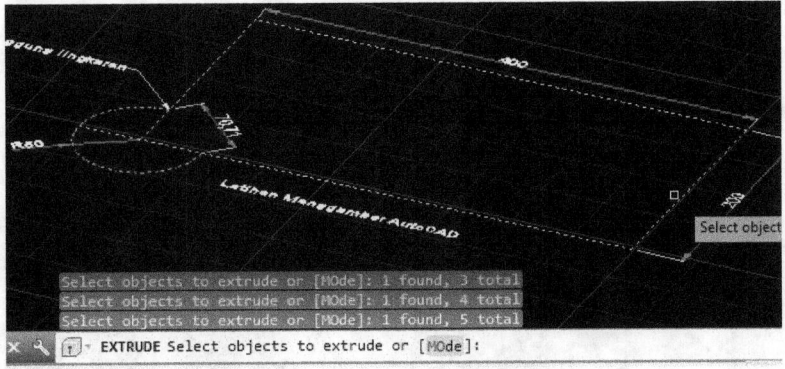

Pic 5,44 cambiar el objeto a extruir

6. Inserte la altura, por ejemplo: 1000.

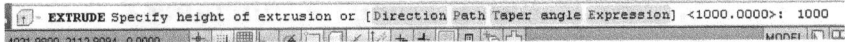

Pic 5.45 Insertar la altura

7. La foto será 2d 3d en este momento, con la altura = 1000.

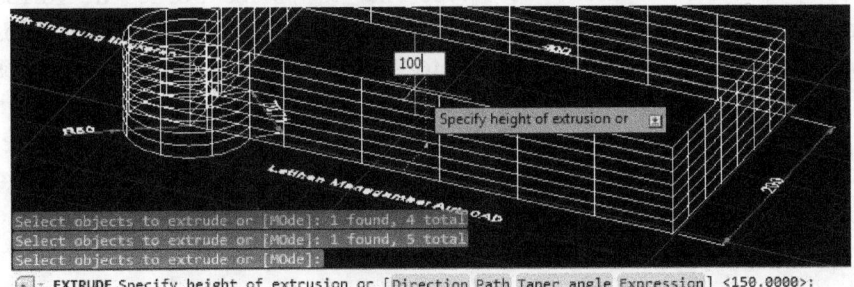

Pico 5,46 Resultado de proceso de extrusión

✓ <u>**Característica ejercicio Extrusión**</u>

También puede extruir sus bocetos con la función de extrusión. Dibujar un polígono y establecer el número de bordes a 8. Luego eligieron CenterPoint como el centro, y elegir entre Circumscribed o inscrito dentro de un círculo. Terminar el polígono y el tipo de "Extrusión." Seleccione el polígono como una base. El tipo de "Mode" seguido de "sólido" para crear un objeto sólido 3D. A continuación, establezca la altura del objeto. Puede cambiar la altura haciendo doble clic en el objeto.

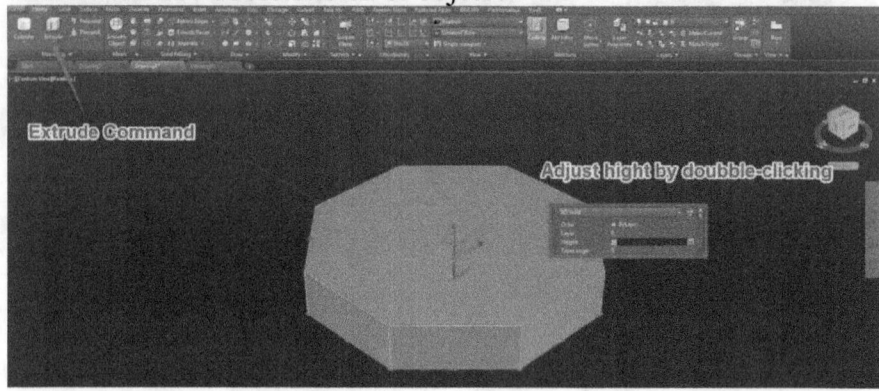

5.2.7 Chaflán y Filete de funciones

Los bordes y las esquinas pueden ser suavizadas o biselados fácilmente. Cambie a la ficha Sólido y haga clic en Empalmar borde. Ahora puede seleccionar todos los bordes superiores del polígono. Para reducir el esfuerzo de seleccionar todos los bordes de forma manual, el tipo de "bucle". A continuación, haga clic en uno de los bordes superior. Haga clic en junto a hojear las posibles conexiones de borde. Cuando todos los bordes superiores están resaltados Haga clic en Aceptar y escriba "Radio" para definir el tamaño del filete. Usted puede probar diferentes valores y previsualizar el filete. Haga clic o escriba en un radio de nuevo para cambiarlo. Presione ENTRAR dos veces para aceptar el filete previamente.

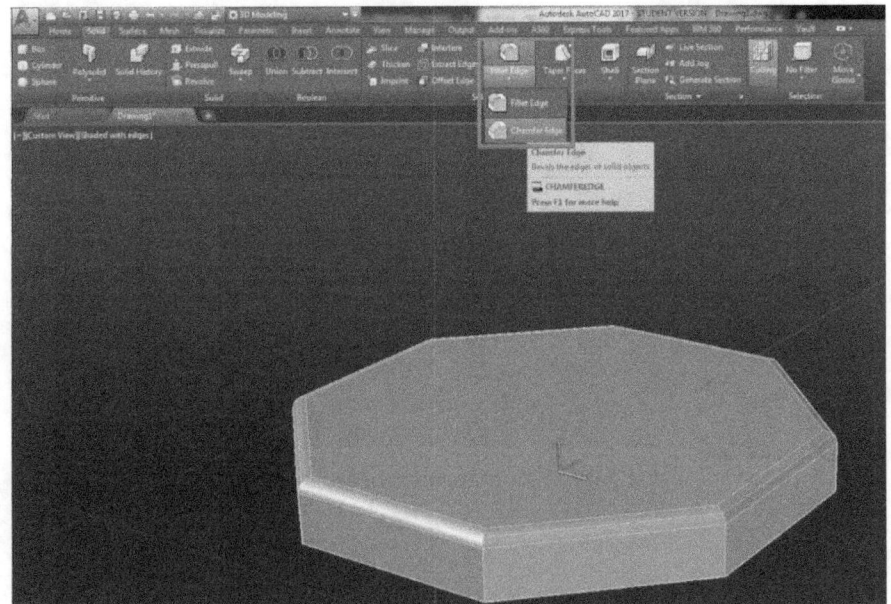
Pic 5.47 Chaflán y operación Redondeo

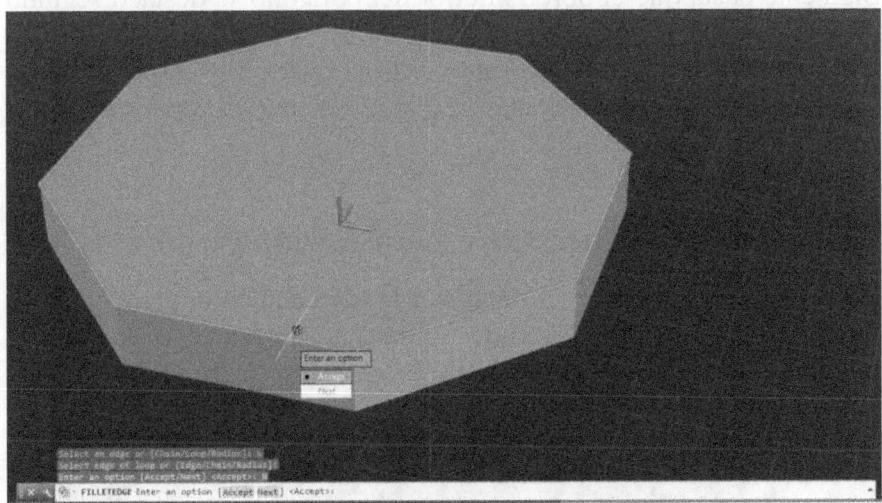
Pico proceso 5.48 Filete

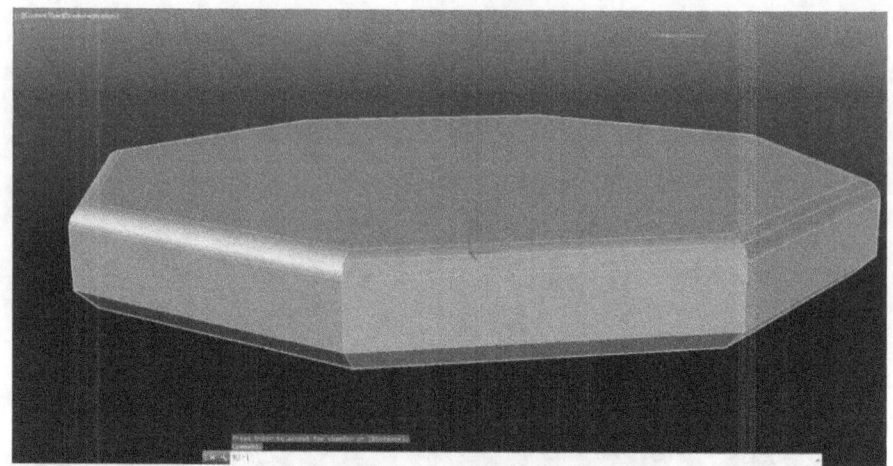

Pic 5.49 Resultado del proceso de filete

Ahora gire el polígono alrededor y seleccione con la flecha bajo el filete de la característica de la operación de chaflán. El tipo de "bucle de nuevo y seleccione un borde inferior del polígono. Haga clic en Siguiente hasta que el borde inferior del polígono se destacó seguido de Aceptar. Ahora haga clic en la distancia y el tipo de la primera longitud del chaflán. Confirmar pulsando Intro y escriba en la segunda longitud. Una vez más se puede ver una vista previa y pulsa enter dos veces para confirmar.

5.2.8 Combinar, Restar y Intersección de objetos 3D

Construir una esfera con el mismo radio derecha en la parte superior de un cilindro. Ahora el tipo de "Unión" y seleccione la esfera y el cilindro. Confirmar con la tecla Enter. Al pasar sobre ambas formas se verá que se han convertido en un objeto sólido.

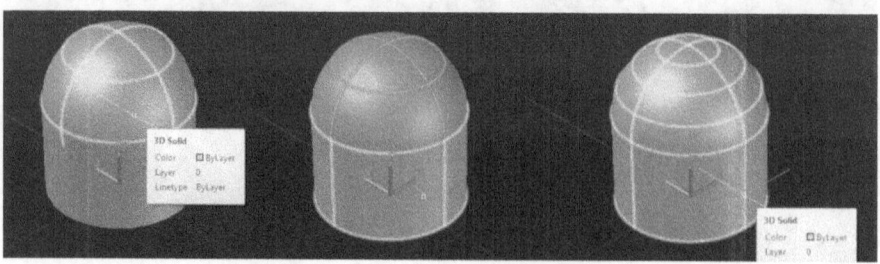

Pic 5.49 Resultado del proceso de fusión

Repita construir un cilindro y esfera o utilizar la función Deshacer hasta el punto antes fusionaron ambos objetos. Ahora escribe en "sustraer". En primer lugar, es necesario seleccionar el objeto que al restar. Seleccione el cilindro y confirmar. Ahora selecciona la esfera como el objeto de restar y confirmar.

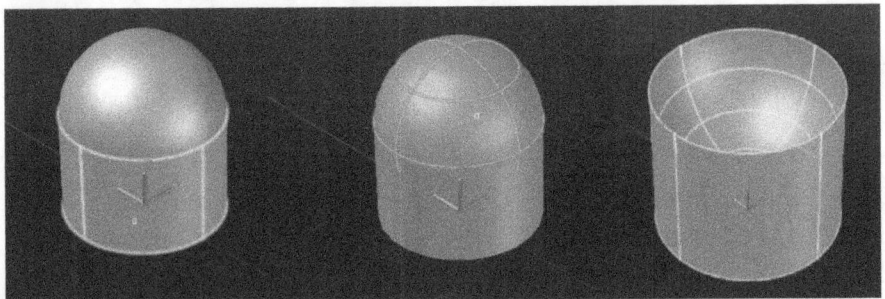

Pic 5.50 Resultado del proceso de resta

Comience con la sola esfera y el cilindro de nuevo. Ahora el tipo de "Intersección", seleccione ambos objetos y confirme.

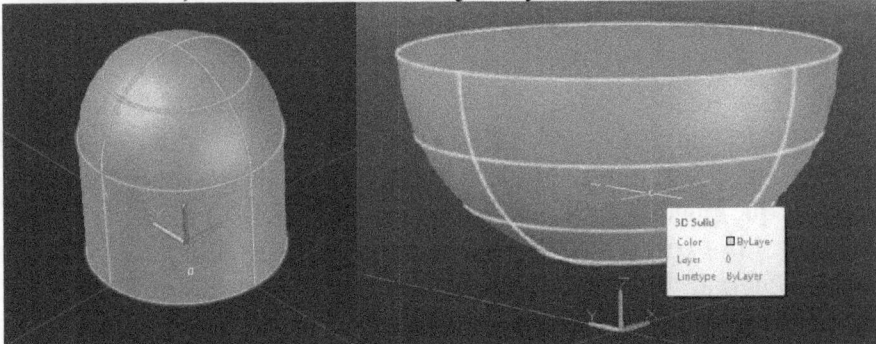

Pic 5,51 Resultado del proceso se cruzan

CHAPTER 6 EXPEDIENTE DE MALLA EN AUTOCAD

Si desea la impresión 3D o compartir sus creaciones con otras personas, es probable que desee crear o editar un archivo similar a una malla .stl. Sin embargo, AutoCAD no es el software de CAD ideal para este asunto. Se puede exportar a STL, pero lamentablemente no puedo .stl abierto o archivos .obj. Sin embargo, hay formas de evitar este problema.

6.1 Importar .stl y otros archivos de malla

Como se ha dicho, AutoCAD no puede importar malla Expediente, pero puede funcionar con el estándar ISO .step formato STEP y formato de intercambio .dxf de Autodesk. Para generar estos tipos de archivo que puede utilizar otro software AutoCAD Inventor o como software libre como FreeCAD. También se puede utilizar una forma rápida y cargar el .stl a un convertidor proporcionada por CAD-Foro y generar un archivo .dxf.

Abrir archivos .dxf de AutoCAD creando primero un nuevo dibujo. A continuación, haga clic en el logotipo de AutoCAD> Abrir> Dibujo y seleccione .dxf como tipo de archivo en el explorador de archivos. Cuando se importa el modelo, se puede cambiar el estilo visual escribiendo VISUALSTYLE.

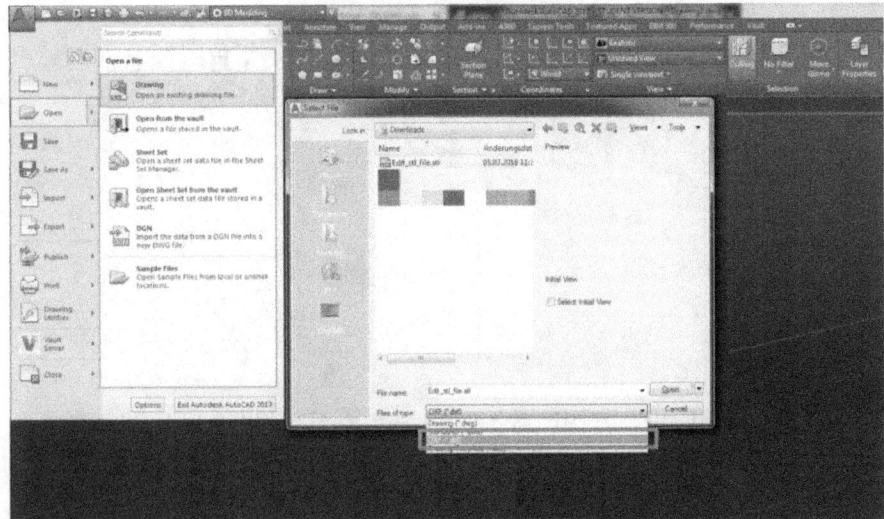

Pic proceso de archivo de malla 6.1 Importación

Pic 6.2 Resultado de proceso de archivo de malla de importación

6.2 Exportación .stl

Afortunadamente, la exportación de archivos STL es posible con AutoCAD. Haga clic en el logotipo de AutoCAD> Exportar> Otros formatos de archivo y seleccione .stl como el tipo de archivo en el explorador de archivos.

CHAPTER 7 CREAR DIBUJO TÉCNICO

Si desea crear un dibujo técnico de y modelo que ha creado, AutoCAD es un gran software para trabajar con ellos. En primer lugar, se necesita una hoja de plantilla para el dibujo técnico. Puede encontrar plantillas en el sitio web de AutoCAD de forma gratuita. Descargar la plantilla de fabricación métrica. Abra el objeto que desea crear un dibujo técnico de. A continuación, haga clic en el signo + en la esquina inferior izquierda y abra la plantilla descargada. Puede insertar su nombre, proyecto u otra información en el bloque de título en la parte inferior derecha de la hoja haciendo doble clic en él.

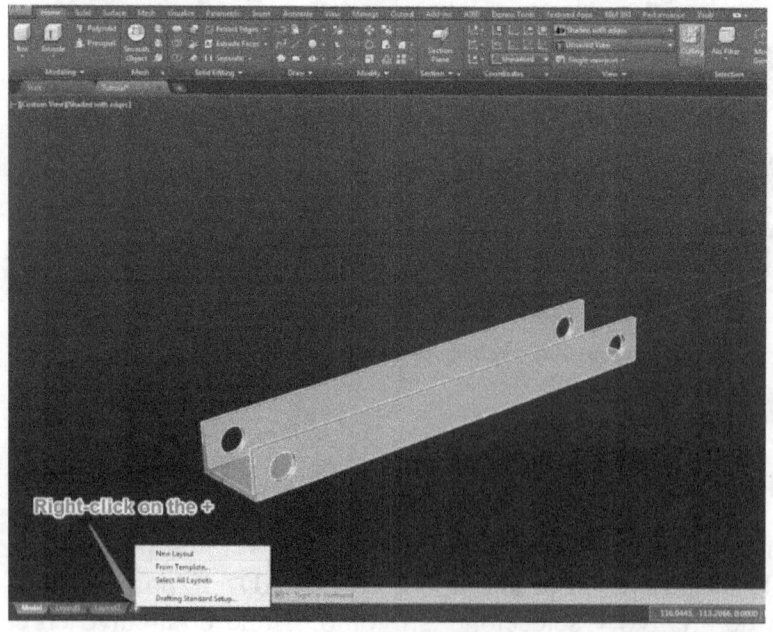

Pic 7.1 Resultado de proceso de archivo de malla de importación

7.1 Modelo Inserto Vistas

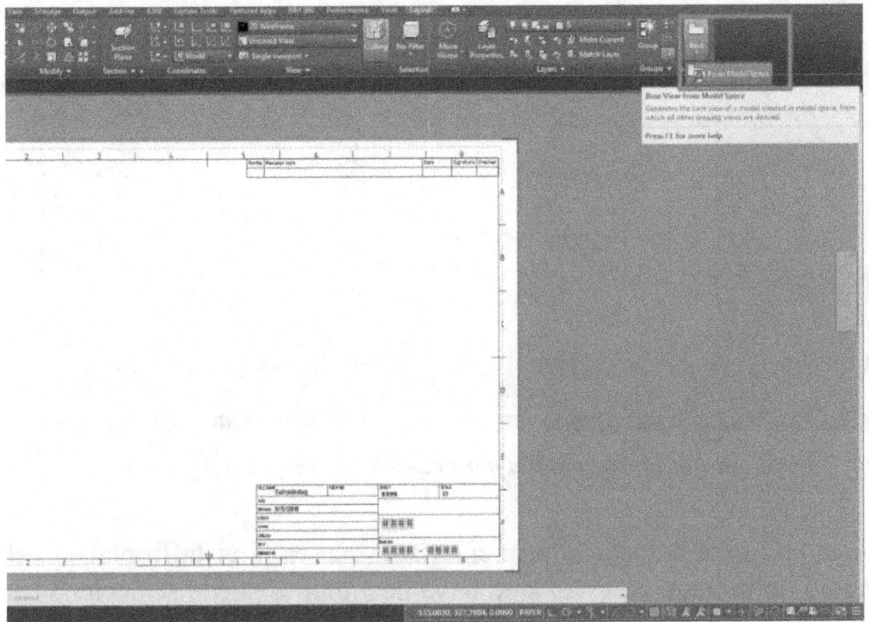

Pic 7.2 Insertar Vistas del modelo

Una vez que esté en la pestaña de plantilla de hoja de dibujo, haga clic en Base> desde el espacio modelo.

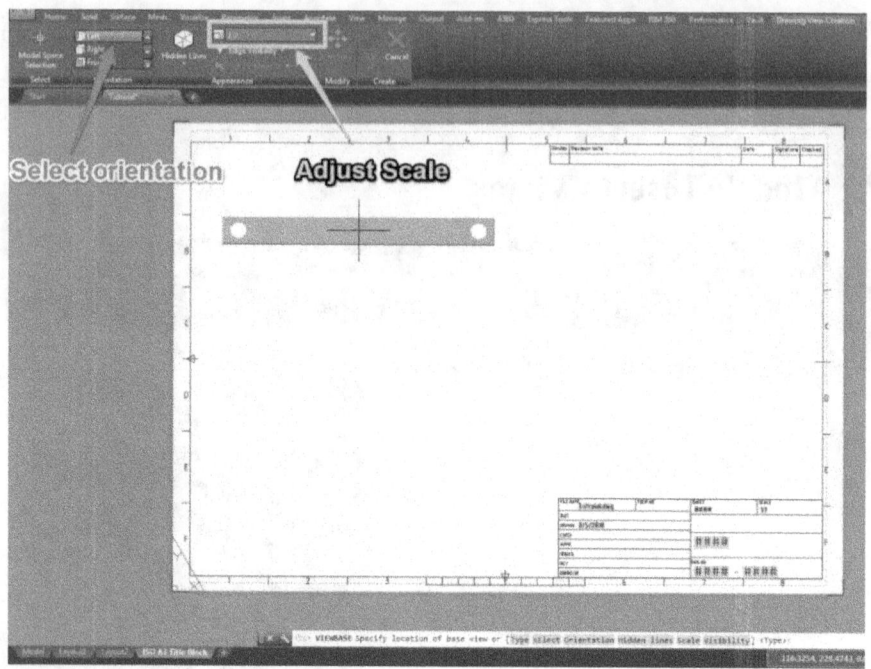

Pic 7.3 Seleccionar la orientación para cambiar a una vista diferente

Haga clic para colocar la primera vista (que es la vista frontal) en el medio de la hoja. Una vez que haya hecho clic, puede seleccionar la orientación para cambiar a una vista diferente. Si el modelo es demasiado grande o pequeño, haga clic en Escala y seleccione un factor de escala. Haga clic en Mover a la posición del objeto. Haga clic izquierdo en la posición deseada a aceptar. Ahora puede continuar para colocar otros puntos de vista arrastrando el ratón horizontalmente o verticalmente. Haga clic izquierdo para confirmar cada posición. Si se mueve el objeto a un ángulo de 45 °, se puede colocar la vista isométrica. Trate de colocar suficientes vistas del objeto por lo que la mayoría o todas las características se pueden ver. Si selecciona una vista, puede moverlo con el cuadrado azul y el tamaño con el triángulo azul.

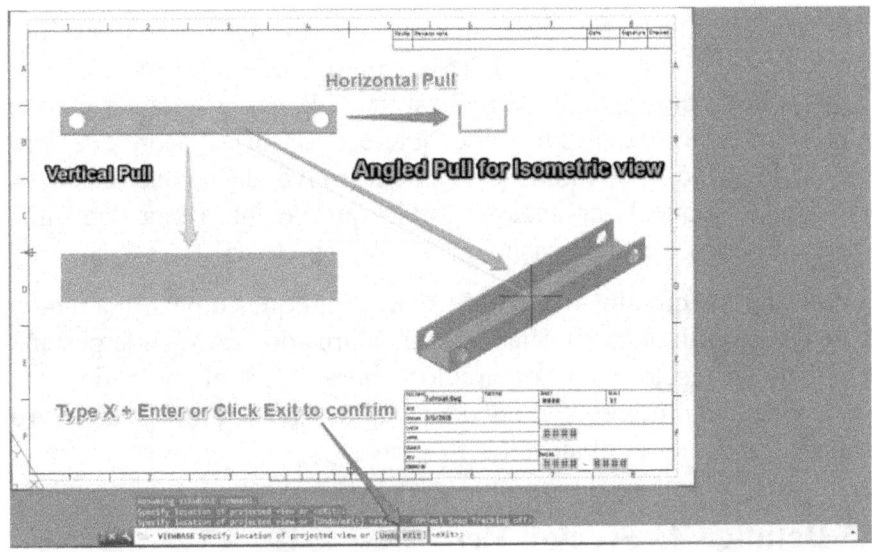

Pic 7.4 Resultado de Vistas del modelo

7.2 Colocar Dimensiones

Al colocar dimensiones, hay que seguir tres reglas básicas:

1. comenzar con el más mínimo detalle
2. Anotar un detalle sólo una vez
3. Anotar todos los detalles

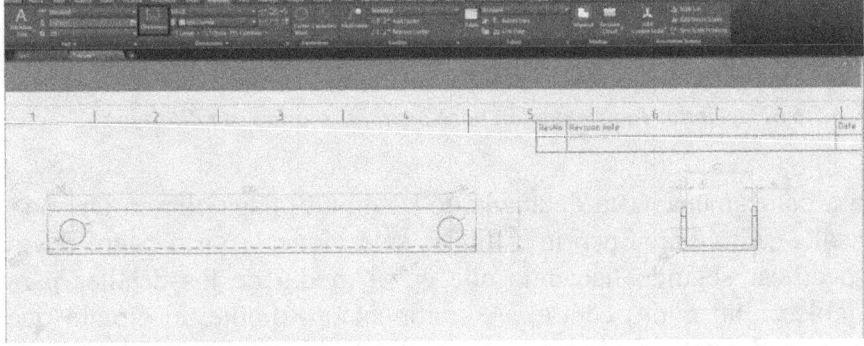

Pic 7.5 Dimensión de objetos

Para iniciar interruptor de anotaciones a la ficha de anotación. Seleccione el comando Cota. Este es un comando inteligente que se adapta a la función que desea realizar anotaciones. Ahora seleccione la primera línea o dos puntos se quiere describir. A continuación, verá la longitud o el radio, y se puede mover la anotación en su posición. Coloque la anotación, por lo que no intercepta con otras líneas, números o está demasiado cerca del objeto en sí.

Si desea acotar círculos o agujeros, que tendrá que colocar una marca de centro en primer lugar. Haga clic en Marca de centro en la pestaña de anotación y seleccione un círculo. Ahora utilice el comando Cota para anotar el círculo. Se puede cambiar entre radio y diámetro escribiendo R o D en el teclado.

7.3 Detalle y la Sección Ver

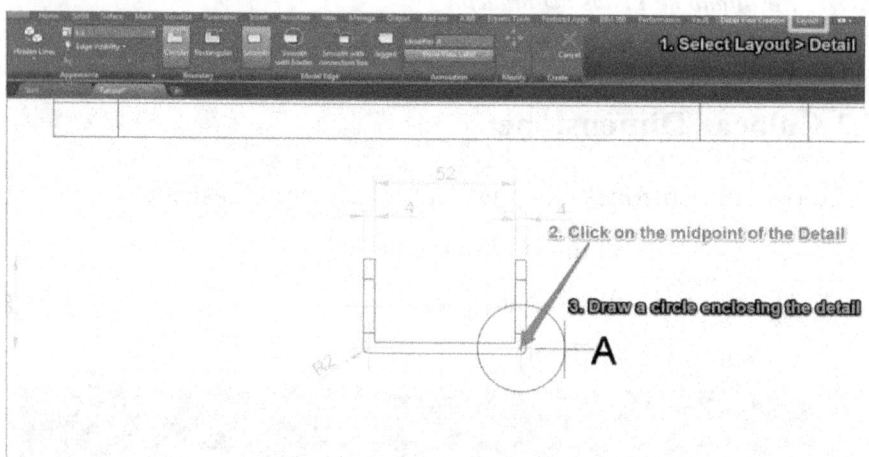

Pico 7.6 Seleccionar la orientación para cambiar a una vista diferente

Para colocar una vista detallada de su dibujo, haga clic en Diseño> Detalle> Circular. En primer lugar, seleccione la vista padre desea especificar seguido haciendo clic en el medio de los detalles para establecer un punto central. A continuación, dibuje un círculo que encierra el detalle. Coloque la visión detallada en un lugar libre.

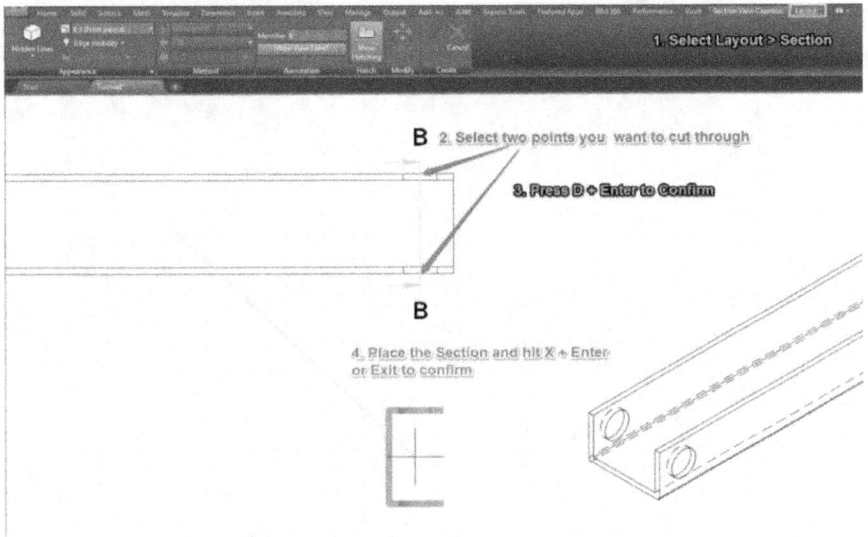

Pic 7.7 Seleccione dos puntos

Si quiere mirar dentro de un dibujo, puede utilizar Diseño> Vista de sección. Seleccione la vista que desea crear una sección de selección seguido de dos puntos de la línea de corte. Confirmar pulsando entrar y colocar la vista en sección en un lugar libre. También puede cambiar el tamaño y estilo de línea después.

Esto nos lleva al final de nuestro tutorial de AutoCAD para los principiantes.

AutoCAD es un potente software de CAD, que se supone que se utilizará para el diseño arquitectónico y de ingeniería mecánica. Tiene una de las mejores cajas de herramientas y características para apoyar a los dibujos en 2D. Cuando se trata de diseño 3D, todavía es impresionante, sobre todo cuando se representa objetos en 3D de una manera realista.

Sin embargo, no son más fáciles de usar programas de 3D. Una desventaja importante de AutoCAD es el apoyo que falta de archivos de malla. No se puede importar o exportar o .stl .obj cuando se trabaja con AutoCAD sin pasar por algunas soluciones. Hay algunos plugins, sin embargo, sólo se admiten archivos binarios de malla. Aún así, Autodesk ofrece otro software 3D llamada Inventor, el cual es ideal para crear o editar modelos 3D. Se puede acceder a ella con su carné de estudiante o utilizarlo con su versión de prueba gratuita de 3 meses.

***

SOBRE EL AUTOR

Zico P. Putra es un técnico superior de ingeniería, consultor CAD, autor, entrenador y con 10 años de experiencia en varios campos del diseño. Continúa su doctorado en la Universidad Queen Mary de Londres. Ali Akbar es un autor de AutoCAD que tiene más de 10 años de experiencia en la arquitectura y ha sido el uso de AutoCAD desde hace más de 15 años. Ha trabajado en proyectos de diseño que van desde grandes almacenes a los sistemas de transporte para el proyecto Semarang. Él es el más vendido de todos los tiempos autor AutoCAD y fue citado como autor CAD favorito. Más información en https://www.amazon.com/Zico-Pratama-Putra/e/B06XDRTM1G/

¿PUEDO PEDIR UN FAVOR?

Si te ha gustado este libro, considerado útil o de otra manera entonces yo realmente lo apreciaría si desea publicar una breve reseña en Amazon. Yo leí todas las críticas personalmente para que pueda escribir continuamente lo que la gente quiere.
Si desea dejar un comentario, por favor visite el siguiente enlace:
https://www.amazon.com/dp/B06XS99PKP
¡Gracias por su apoyo!

www.ingramcontent.com/pod-product-compliance
Lightning Source LLC
Chambersburg PA
CBHW070435180526
45158CB00018B/1386